Colección: Guías para La Fertilidad de la Tierra
Título: Insectos que ayudan al huerto y vergel ecológicos
Subtítulo: Conocer, atraer, alojar, conservar…
Autor: Jesús Quintano Sánchez

Edición y coordinación: Fernando López

Fotografías: Jesús Quintano Sánchez, excepto las cedidas por Fernando López (págs. 13, 132, 133, 134A, 143, 161, 162B)
Ilustraciones: Azahar L. Giner

Diseño y maquetación: Pedro Franquet Creativity
Diseño cubiertas: Manolo Pérez

Primera edición: marzo 2022
Segunda edición: abril 2026

La Fertilidad de la Tierra Ediciones
C/ Santa María 115
31272 Artaza (Navarra)
Tel. 948 539216
info@lafertilidaddelatierra.com
www.lafertilidaddelatierra.com

D.L. : NA 382-2026
ISBN: 979-13-991049-0-5
Impresión: GraphyCems. Villatuerta (Navarra)

Insectos que ayudan al huerto y vergel ecológicos

Conocer, atraer, alojar, conservar...

Texto y fotografías
Jesús Quintano Sánchez

Editado por

Patrocinado por

Sumario

Sumario

intro Observar y experimentar con la fauna auxiliar

Han pasado muchos años desde que oí por primera vez el término "fauna auxiliar" o "control biológico". Desde entonces me han fascinado nuestros ayudantes y no he dejado de estudiarlos ni de divulgar su importancia. Siempre partiendo de la observación sobre el terreno, contrastando con los textos y publicaciones que, poco a poco, eran cada vez más accesibles y abundantes, hasta llegar a la sobreinformación de hoy día. Durante todo este tiempo muchas personas me han preguntado por algún libro sobre insectos auxiliares. Nunca he sabido responder de forma concreta. La información ha estado muy dispersa, con abundancia de textos científicos –interesantes, pero poco accesibles–. Escasea la información práctica y didáctica. Esa es la intención de este libro: reunir una amplia representación de los insectos auxiliares, tanto los más conocidos como los menos, para dar información sobre cómo son y cómo trabajan, pero también sobre cómo se relacionan con el entorno y cómo influye este en ellos; para que podamos entenderlos mejor y actuar en consecuencia a nuestro alrededor, favoreciendo así la biodiversidad funcional y el control biológico, además de fomentar la conservación de los insectos, quienes están sufriendo una presión importante en las últimas décadas y una disminución en sus poblaciones que llega a ser alarmante.

¿Y por qué los insectos? Porque se trata del grupo animal que encabeza la clasificación mundial con alrededor de un millón de especies descritas, aunque se estima que hay entre 5 y 10 millones de especies diferentes en total. Además,

◄
El polen es un recurso empleado en la alimentación de estas chinches depredadoras (*Nesidiocoris tenuis*).

►
Los insectos, por su abundancia y repercusión sobre las plantas, son los que más interés e incertidumbre despiertan entre quienes las cultivan.

alrededor del 90% de todas las especies animales conocidas son insectos. Es decir, que son el grupo más diverso y numeroso de organismos vivos que existen, por lo que estemos donde estemos y miremos donde miremos habrá algún insecto. Debido a ello, son los que más interés e incertidumbre despiertan entre las personas hortelanas, agricultoras, jardineras y aficionadas a las plantas en general. Juegan un papel muy importante en los agroecosistemas. Muchos suponen un quebradero de cabeza al alimentarse de los cultivos... Pero son muchos más los que polinizan, protegen, enriquecen, etc., no sólo al cultivo, sino al resto de la comunidad viva que los rodea, al ser una fuente de alimentación fundamental en la cadena trófica. Estos son los motivos por los que este libro se centra en ellos, en los llamados insectos auxiliares.

No obstante, he considerado oportuno invitar también a las arañas, que no son insectos sino arácnidos pertenecientes al orden Araneae. A las arañas de verdad, no a los ácaros, ya que tenemos la mala costumbre de llamar "arañas" a los ácaros-plaga, lo cual no ayuda al prestigio de las que sí son arañas por naturaleza, ya que todas son depredadoras. Y no son pocas, pues aproximadamente el 40% de los arácnidos son arañas, con unas 40.000 especies conocidas. El 60% restante lo forman escorpiones, pseudoescorpiones, ácaros y garrapatas, entre otros. Por ello forman una parte muy activa de nuestra fauna auxiliar y les corresponde formar parte de este texto. Por lo tanto, hablaremos sobre la fauna beneficiosa en general, y sobre insectos auxiliares y arácnidos en particular.

Es mi deseo que estas páginas os inspiren y os inciten a la observación. No se trata de un libro de recetas, nunca me han gustado. Es más bien un libro que enseña a cocinar, cada cual con los ingredientes que tenga a su alcance. Observar y experimentar es la base de la vida y del conocimiento. Los libros son un punto de partida, pero el conocimiento lo hacemos propio hincando las rodillas en la tierra, metiendo la cabeza entre las matas de tomate o entre las ramas de un arbusto, poniéndonos a la altura adecuada y aguzando la vista. Tiempo y observación. No hay otra forma de conocer bien a nuestros ayudantes, y de conocer nuestro entorno y su funcionamiento.

Primera parte

Las mariquitas de 14 puntos (*Propylea quartuordecimpunctata*) se alimenta de pulgones y son más frecuentes en árboles frutales que en cultivos herbáceos.

Los auxiliares: amigos de nuestras plantas

▲
Esta abeja europea (*Apis mellifera*) chapotea literalmente sobre el polen de este raspasayo (*Helminthotheca echioides*).

1 Nuestros ayudantes los auxiliares

En 1873, el naturalista y entomólogo francés Jean-Henri Fabre publicó una de sus muchas obras, el libro titulado *Los auxiliares, conversaciones sobre los animales útiles a la agricultura*. En él definía como auxiliares a "los animales que, viviendo fuera de nuestros cuidados, nos ayudan con su guerra a las larvas, a los insectos y a los diversos devastadores, que acabarían por adueñarse de nuestras cosechas si otros, que no nosotros, no se opusiesen a su excesiva multiplicación". Le debemos a Fabre y a su exquisita maestría en la observación y descripción del comportamiento de los insectos, entre otros animales, la denominación de fauna auxiliar. Con ella nos referimos a todos aquellos organismos que favorecen el desarrollo de nuestras plantas de una u otra manera. Es un grupo amplio formado por aves, reptiles, anfibios, bacterias, hongos..., aunque son los insectos y los arácnidos los que tienen un papel más relevante y visible en los agroecosistemas.

¿EN QUÉ NOS FAVORECEN, BENEFICIAN O AUXILIAN?

En primer lugar, porque los auxiliares son controladores biológicos. Son aquellos que depredan o parasitan a quienes dañan o se comen nuestras plantas cultivadas. Nos ayudan a defenderlas. Es lo primero que nos viene a la mente cuando oímos la expresión "fauna auxiliar" o "fauna beneficiosa", acordándonos de insectos como la mariquita, la crisopa, el sírfido o las avispillas parasitoides del pulgón, como la Aphidius. Se trata de una rica comunidad de organismos cuyos servicios de regulación biológica suponen anualmente en el mundo miles de millones de euros que se ahorran en costes medioambientales y de salud pública al sustituir la aplicación de toneladas de productos químicos. Esa regulación natural es la que llamamos control biológico.

En segundo lugar, nos referimos a los polinizadores. Su importancia es tal, que más del 80% de las especies cultivadas dependen de ellos. Y no sólo se consideran polinizadores a los insectos, también a mamíferos como los murciélagos y a las aves e incluso a los reptiles. Son los primeros, los insectos, los que mayor distribución global y mayor repercusión tienen. Son fundamentales para la cosecha de cultivos como fresas, arándanos, pimientos, tomates, melones, melocotones, cerezas, manzanas, almendros, algarrobas, aguacates, cacao, café y un largo etcétera. También lo son para la producción de frutas silvestres que pueden darse en nuestros setos, como el madroño, el majuelo, el escaramujo o el endrino, y que suponen una fuente de alimentación para numerosos animales silvestres. Además, las especies florales más atractivas de las cubiertas vegetales granarán mejor gracias a los polinizadores, produciendo buenas semillas para su permanencia en nuestro vergel.

Cuando hablamos de fauna auxiliar, también incluimos a los descomponedores de la materia orgánica. Y no son pocos. Bacterias, hongos, protozoos, anélidos, insectos, arácnidos y crustáceos, entre otros, forman parte de este grupo tan necesario. Reciclan el material orgánico procedente de los restos vegetales y animales mineralizándolos y aumentando así la disponibilidad natural de nutrientes en el terreno, además de almacenarlos a largo plazo mediante la humificación. No sólo eso, con su actividad favorecen una mejor estructura de la tierra, mejor retención de agua y mejor regulación térmica. Su papel es clave, por ejemplo, en el mantenimiento de nuestros bosques, de la misma manera que mantener una tierra naturalmente fértil y mullida en nuestras huertas depende de ellos, como ellos a su vez dependen de la materia orgánica. Por lo tanto, podemos decir que fauna auxiliar y materia orgánica están vinculadas, se necesitan mutuamente. Y es que, además de una microfauna y una macrofauna ligadas a la tierra,

▲ La observación es una gran fuente de conocimiento y conforme se va adquiriendo nos damos cuenta de que estamos rodeados de insectos auxiliares.

▲
Los escarabajos cantáridos como este *Cantharis coronata* son polinizadores y depredadores cuando adultos, mientras que su larva hace esto último en el terreno.

▶
En esta imagen hay millones de organismos auxiliares. Un escarabajo depredador (*Ocypus olens*) surge de una tierra viva, rodeado de bacterias, hongos, protozoos, ácaros, crustáceos y otros muchos organismos descomponedores.

con un papel básicamente descomponedor, hay también patógenos, depredadores y parasitoides edáficos, que son quienes transforman la materia orgánica y la energía de sus presas y hospederos. Contamos incluso con polinizadores como los cantáridos; por ejemplo, el escarabajo soldado (*Rhagonycha fulva*). Son polinizadores cuando adultos, viviendo sobre las plantas. Sin embargo, sus larvas depredadoras viven y se desarrollan en la tierra, formando parte de su red trófica. Al fin y al cabo, todo está conectado.

Lo cierto es que los insectos auxiliares nos rodean allí donde nos encontremos, ya sea en el campo o en la ciudad, en el patio o en balcón, en el jardín o en el parque del barrio. Aun así, suelen ser invisibles a los ojos de la gran mayoría, hasta que un día tomas conciencia de ellos. A poco que los vayas conociendo, comenzarás a verlos por todos lados. De ese modo podrás actuar en consecuencia para que estos trabajadores incansables por naturaleza nos sigan ayudando con su labor diaria.

2 Biodiversidad y agroecología, esenciales para el control biológico

Un ecosistema es el conjunto de organismos vivos y el medio que les rodea, en un lugar determinado y bajo unas condiciones determinadas. Tanto la parte viva como la inerte interactúan entre sí, de manera que se generan mutualismos y antagonismos reflejados en procesos como la humificación, mineralización, depredación, parasitismo, polinización y micorrización entre otros. Esa es la clave dada por la biodiversidad. La biodiversidad consiste en la variabilidad de organismos vivos y del medio que les rodea, formando así los ecosistemas. No se trata de un término cuantitativo, es decir, no habrá más biodiversidad porque haya muchas perdices o muchas abejas. Es un término cualitativo. Y es que esa variabilidad de organismos vivos está interrelacionada entre sí y su medio generando procesos como los comentados anteriormente. Esas relaciones, esos vínculos, esas conexiones son fundamentales para que la vida siga su curso.

Mediante la red trófica se reciclan la energía y los nutrientes de un eslabón a otro. En un ecosistema natural, como un bosque mediterráneo, el ciclo es completo y no se pierde prácticamente energía ni nutrientes. Un ejemplo muy simplificado sería el de un zorzal que se come el fruto de un majuelo. El zorzal es cazado y comido por el cárabo. Cuando muere el cárabo, es transformado por los organismos descomponedores que nutren el terreno donde crece el majuelo, favoreciendo su crecimiento y floración. Floración que atrae a numerosos insectos, como las abejas silvestres, que polinizan las flores que se transformarán en los frutos que volverán a comer los zorzales... y así sucesivamente. Podemos hacerlo un poco más complejo y abrir más caminos siguiendo con este ejemplo: el zorzal dispersa las semillas del majuelo; el cárabo requiere de árboles viejos y grandes que presenten oquedades; los microorganismos y macroorganismos edáficos descomponedores se nutren también de las hojas que caen del majuelo; las abejas silvestres requieren de vegetación que les ofrezca pequeños agujeros donde anidar... Todas estas interrelaciones entre la comunidad viva y los elementos que la rodean proporcionan los procesos de los que hablamos antes, que actúan a modo de red estructural que da estabilidad al ecosistema en el tiempo. El ecosistema evoluciona, pero no se pierde. Nuestros bosques tienen millones de años.

CUANDO EL ECOSISTEMA ES UN AGROECOSISTEMA

Cuando el ser humano interviene en el medio natural para transformarlo con el objetivo de obtener alimentos mediante la actividad agrícola, podemos pasar a denominar al ecosistema como agroecosistema. Se trata de una intervención en la que se simplifica principalmente la comunidad vegetal, para aumentar la presencia de determinadas especies cultivadas. En consecuencia, esta intervención afecta al resto de la red trófica y,

▼
En un ecosistema natural, tanto la parte viva como la inerte interactúan entre sí, se genera humus, hay depredadores y depredados, se poliniza, hay micorrizas… Todo ello garantiza su resiliencia.

por lo tanto, también a la red de interrelaciones y procesos que dan estabilidad al ecosistema –o agroecosistema en este caso–, donde el ciclo de la energía y nutrientes ya es abierto, pues los extraemos en forma de lechugas, tomates, pimientos, cereales, almendras, aceitunas, paja, leña…, que no acabarán siendo transformados ni descompuestos por los microorganismos edáficos del lugar donde se han producido, sino consumidos en otro sitio.

Si simplificamos en exceso el agroecosistema y la comunidad vegetal está formada casi en exclusiva por el cultivo –y además sin reposición de la materia orgánica–, la comunidad animal se reducirá en consecuencia. La red trófica se simplificará, y dominarán quienes estén más vinculados con el cultivo. Es decir, quienes se alimentan o viven de él, lo que aumenta los problemas de plagas y enfermedades. Disminuirá la producción por falta de polinizadores. Disminuirá la fertilidad natural de la tierra por hacerlo también la materia orgánica y, en consecuencia, los organismos edáficos. De este modo, habrá que suplir esa disminución de procesos naturales mediante la aplicación de productos fitosanitarios, abonos químicos de síntesis, polinizadores externos o productos para el cuajado de los frutos. En consecuencia: a mayor simplificación, mayor debilidad del agroecosistema.

▼
En un agroecosistema el cultivo es el elemento principal, pero hay que favorecer un entorno rico en biodiversidad funcional para que pueda permanecer fértil y sano ante los retos que se presenten.

EL CONCEPTO DE FAUNA AUXILIAR

La agroecología, en la cual se basa la agricultura ecológica, tiene en cuenta todos los elementos que forman parte del agroecosistema, partiendo del aporte de materia orgánica y de la diversificación del cultivo como piezas fundamentales de un rompecabezas formado por muchísimas piezas más en forma de vegetales (hierbas, árboles, arbustos...), animales (bacterias, hongos, arácnidos, insectos, aves, mamíferos, anfibios...) y elementos inertes (piedras, troncos, construcciones...). Todas ellas cohesionadas por la cultura, el saber campesino y la ciencia que las actualiza. Por ello, hoy buscamos aumentar la biodiversidad funcional, la que aporta piezas que –relacionadas entre ellas– generen procesos positivos para el objetivo agrario del agroecosistema, como por ejemplo el control biológico de plagas. Y es que muchas de esas piezas forman lo que llamamos fauna auxiliar. Esto que puede parecer un galimatías se puede resumir con el ejemplo del reloj de mano. Una maquinaria creada por nosotros, con multitud de piezas grandes y pequeñas, cuya unión (relación) entre unas y otras cumple con precisión la función para las que han sido diseñadas. No son funcionales por separado, pero sí en su conjunto. Si eliminamos alguna de esas piezas, el reloj sigue funcionando, aunque comienza a perder precisión. Así sucesivamente hasta que deja de funcionar. Sería en ese momento cuando nosotros tendríamos que intervenir para mover las manillas del reloj y que siga así cumpliendo su función. Con este símil puede entenderse cómo funciona un agroecosistema, cuyo objeto principal es la obtención de alimentos y productos agrícolas. Si para ello tenemos en cuenta todo lo que rodea al cultivo, esa biodiversidad funcional se traducirá, entre otras cosas, en un mayor control biológico y, por lo tanto, en una menor necesidad de tratamientos. Así, la fauna auxiliar ha sido contemplada y reconocida por quienes practican o se acercan de una u otra forma a la agricultura ecológica desde su origen como concepto.

Hasta comienzos del siglo XXI hablar de fauna auxiliar, en cualquier conversación, era también hablar de agricultura ecológica, biológica u orgánica. Y si no se hablaba, se pensaba en ella. Prácticamente era un binomio exclusivo y, aunque no fuera del todo así, se percibía como tal. Todo cambió conforme avanzaba la primera década de los dos mil y el concepto de fauna auxiliar se iba generalizando. Hoy la sociedad demanda un cambio a causa de los graves y continuados problemas medioambientales y de salud pública, escándalos agroalimentarios, la dificultad de control de plagas por resistencias y nuevos retos fitosanitarios en forma de nuevas plagas favorecidas por la globalización y el cambio climático. Esto se va reflejando en el mercado y en las políticas agrarias: aumentan las restricciones y prohibiciones de materias activas (plaguicidas, fungicidas y herbicidas) y el control biológico y, en consecuencia, la fauna auxiliar se contempla donde antes no se hacía. Por ejemplo, a finales de los dos mil el total de la superficie de pimiento bajo invernadero en Almería contaba con sueltas de la chinche depredadora Orius para el control biológico del trip. Su efectividad quedó demos-

◂ El control biológico mediante la suelta de insectos se popularizó a partir de finales de la década de los dos mil y hoy día es una estrategia más en el manejo de cultivos, sobre todo protegidos.

▲ Una finca con diversidad de cultivos, diversidad de espacios –como esos muros de piedra– y un entorno diverso contará con una diversa comunidad de organismos beneficiosos.

trada y fue aceptada en sustitución de productos químicos. Este control biológico por inundación (sueltas de insectos comerciales en el cultivo) adquiría popularidad fuera del ámbito de la agricultura ecológica ayudado por la producción integrada, la cual tomó protagonismo aquellos años por este motivo. Hoy día la industria creada en torno al control biológico se encuentra muy consolidada y con gran proyección de futuro.

La suelta de insectos es una herramienta más en el manejo de cultivos especialmente intensivos. Nada tiene que ver con una solución a la situación en la que nos encontramos. En los últimos años, numerosos estudios científicos e informes de organizaciones medioambientales han puesto de manifiesto que la actividad agraria está entre las principales razones de la pérdida de biodiversidad. Si analizamos las causas más importantes del declive de los insectos a nivel global, se estima que en torno al 50% está causado por la agricultura intensiva, los pesticidas, los herbicidas y los abonos sintéticos. La otra mitad la componen causas como la deforestación, las edificaciones y los viales, la introducción de especies exóticas y el calentamiento global, entre otras. Sin embargo, queda claro dónde hay que trabajar con mayor intensidad. Gran parte del modelo agrario impuesto por el productivismo desaforado y la economía agresiva sigue fagocitando todo lo que no sea la planta cultivada. También el componente sociocultural sigue teniendo mucho peso. Por ejemplo, hoy día se siguen manteniendo los tratamientos por calendario; o cuestiones sociales y de aceptación como el síndrome del "tratamiento por imitación", que consiste en tratar cuando lo hace el vecino. Se siguen empleando materias activas con una alta toxicidad y a las que se les ha perdido el respeto; pesticidas y herbicidas son aplicados sobre los cultivos, así como en los caminos, lindes, arroyos y riberas de los ríos, en las calles y jardines, en los solares urbanos e incluso en los parques infantiles y colegios. Evidentemente, esto nos pone en riesgo y debería tratarse como un verdadero problema de salud pública. Si nos centramos en los efectos que tiene sobre la diversidad biológica, ha quedado más que demostrado de forma contundente e indiscutible que dicho efecto es negativo. Incluso han surgido fenómenos que sirven de ejemplo, como es el "efecto parabrisas". Cualquiera que haya viajado en coche antes de los 90 recordará cómo tanto el frontal del radiador como el cristal delantero se llenaban de manchas provocadas por los choques de multitud de insectos voladores. Muchos quedaban pegados. Algo que hoy no ocurre con la intensidad de hace varias décadas. Por las causas comentadas anteriormente, están disminuyendo y desapareciendo insectos relacionados con importantes servicios ecosistémicos en favor de otros causantes de plagas, al tener mayor capacidad de adquirir resistencias y verse favorecidos por las nuevas condiciones creadas tras la degradación paulatina del medio y ayudadas por el cambio climático.

LO PEQUEÑO IMPORTA

Todo esto pone de manifiesto que debemos actuar. Como individuos y como colectivo. Aunque han comenzado a establecerse líneas estratégicas de conservación de la biodiversidad en el sector agrario, que poco a poco van calando de forma decidida, lo pequeño importa. Y mucho. La biodiversidad puede escalarse, por lo que podemos hablar de diversidad biológica a nivel de comarca, finca, pueblo, ciudad o huerta. Tanto en el medio rural como en las grandes ciudades se han creado iniciativas de huertos públicos o privados, individuales o comunales, que están ejerciendo de islas donde la diversidad biológica se enriquece y los insectos, entre multitud de otros animales encuentran un lugar idóneo donde vivir. Los tratamientos suelen ser escasos, muy localizados

▼
Este cauce temporal que canaliza las aguas en esta finca proporciona una funcionalidad muy alta en cuanto a reservorio de fauna auxiliar se refiere. El control biológico por conservación pasa por analizar y sacar el máximo partido a estas zonas no productivas.

y con sustancias poco tóxicas. La diversidad vegetal es alta, la floración es rica y la materia orgánica, abundante. Además, suelen colocarse nidos para insectos y otros animales. Hay especies de mariposas, abejas silvestres y escarabajos, como algunas mariquitas, cuya presencia en la zona puede llegar a depender de estos espacios, que evitan las llamadas extinciones locales. Estos lugares tienen un efecto de divulgación, concientización y reencuentro con la tierra que ayuda a caminar en la dirección adecuada. En esto la agricultura ecológica tiene la ventaja de forma implícita, aunque ha de entenderse y practicarse más allá del mero cumplimiento del reglamento bajo el cual se certifica, por lo que la agroecología y los principios sobre los cuales se sustenta deben prevalecer. Ante todo, para que no pierda su esencia conservacionista. De esta forma, no habrá mejor respuesta al declive de la biodiversidad causado por la actividad agraria que la agricultura ecológica.

▲
Una oruga del chopo (*Cerura iberica*) ha sido parasitada por una avispa (*Hyposoter didymator*). Está en un seto de una finca de frutales, donde también puede verse cómo afecta esta avispa parasitoide a las orugas de Heliotis y Cacoecia. Biodiversidad funcional es lo que se fomenta con el control biológico por conservación.

¿QUÉ ES EL CONTROL BIOLÓGICO DE PLAGAS?

El control biológico de plagas es un servicio ecosistémico generado por medio de la interacción natural de especies que, mediante procesos como la depredación o el parasitismo, entre otros, mantienen los niveles poblacionales de organismos dañinos para los cultivos por debajo de niveles problemáticos.

TIPOS DE CONTROL BIOLÓGICO

Control biológico clásico: ante la aparición de una nueva plaga exótica se importa al organismo controlador efectivo –normalmente desde el lugar de origen de dicha plaga– con el objetivo de que se instale y ejerza su control. Por ejemplo, en 2021 se trabajó en la introducción de la avispilla *Anagyrus aberiae* para el control biológico del cotonet del Valls (*Delottococcus aberiae*), ambos procedentes de Sudáfrica.

Control biológico por inundación o inoculación: se realizan sueltas de organismos vivos –normalmente depredadores y parasitoides– en un lugar determinado con el objetivo de controlar los insectos plaga. Un ejemplo sería la compra y suelta de la chinche de la flor (*Orius laevigatus*) para el control biológico de trip (*Frankliniella occidentalis*) en pimiento.

Control biológico por conservación: consiste en la consideración y el estudio del medio que rodea al cultivo para –mediante su modificación y mantenimiento– fomentar los organismos beneficiosos presentes de forma natural y con ello el control sobre las plagas. Un ejemplo sería la conservación de la cubierta vegetal, la instalación de setos, la aportación de materia orgánica sólida, etc. Siempre con un estudio previo para buscar su funcionalidad.

Segunda parte

Este adulto de mosquita plateada (*Leucopis* sp.) ronda a los pulgones de este hinojo para poner el huevo en el momento más adecuado.

Descubrir los insectos depredadores

1 Los omnipresentes depredadores

Los depredadores abundan a nuestro alrededor. Miremos donde miremos, allí estarán. Podemos encontrarlos durante todo el año y en todos los hábitats que pueda ofrecer la huerta o el jardín; en la tierra, bajo las piedras, entre las plantas, sobre las flores, en las charcas, en el aire, en los muros de la casa, en el interior o exterior de ella... Dentro de lo que conocemos como fauna auxiliar, quienes tienen un papel relevante en el control biológico de plagas son un grupo muy rico y extenso formado principalmente por insectos, arañas y ácaros. Los insectos son los más diversos y abundantes, y también los que despiertan más dudas e interés entre horticultores y jardineros.

¿QUIÉNES SON?

Los órdenes de insectos auxiliares depredadores con más representación son los escarabajos (coleópteros), las chinches (heterópteros), las moscas y los mosquitos (dípteros). La lista es extensa, además de contar con las famosas crisopas (neurópteros), mantis (mántidos), libélulas y caballitos del diablo (odonatos), entre otros. Los depredadores son más reconocibles que los parasitoides. Muchos son atractivos visualmente y con buena aceptación popular, por eso son muy empleados como icono del control biológico. Por ejemplo, el icono de la mariquita roja de puntos

◄
En muchos casos, los depredadores actúan conjuntamente aumentando su efectividad en el control biológico, como por ejemplo las crisopas y larvas de sírfidos.

negros puede verse por todo el mundo, no sólo asociada con el control biológico, sino también con lo natural, lo verde y lo ecológico. De la misma manera, no son pocas las asociaciones, cooperativas o empresas que lo usan para su publicidad en folletos, revistas, webs e incluso en los distintivos de frutas y hortalizas.

¿CÓMO TRABAJAN?

Los depredadores son voraces consumidores de presas. Se alimentan de una tras otra hasta completar su ciclo, y necesitan decenas o cientos de ellas. Su morfología suele ser reflejo de su forma de vida, adaptada a la caza o depredación. En general, tanto larvas como adultos tienen buena movilidad, y así son libres para ir de un lado a otro en busca de alimento.

Según la especie pueden ser depredadores solamente durante la fase de larva, como sucede con los sírfidos y los mosquitos depredadores; o bien, como hacen las mariquitas, pueden depredar tanto larvas como adultos. Los hay que pueden ser específicos, al alimentarse casi en exclusividad de una presa determinada, por ejemplo, la mariquita cardinal (*Rodolia cardinalis*), que se alimenta de cochinilla acanalada (*Icerya purchasi*); o bien pueden ser generalistas, como la chinche Orius (*Orius* spp.) que se nutre de diferentes presas, desde mosca blanca, trips y huevos a pequeñas orugas, etc.; además, también es polífaga, ya que complementa su dieta con polen y néctar. Los hay incluso que, de forma ocasional, se alimentan de la savia de las plantas –por ejemplo, la chinche verde cazadora (*Macrolophus caliginosus*)–.

SINTOMATOLOGÍA

Estamos acostumbrados a ver preciosas imágenes de insectos beneficiosos en libros y pantallas. Muchos los conoceremos por sus nombres comunes, incluso hay quien se acuerde de sus nombres científicos. Luego, cuando estamos pisando el terrón, las preciosas imágenes se convierten en minúsculos seres que deambulan entre hojas, tallos y frutos, tanto de las plantas cultivadas como de las silvestres.

▲
Un ejército de larvas de mariquita de 7 puntos (*Coccinella septempunctata*) está limpiando de pulgón esta mata de habas.

▲
El mosquito depredador (*Aphidoletes aphidimyza*) depreda sólo cuando es larva, y deja los pulgones secos pegados a la hoja o tallo junto a un rastro brillante a modo de baba de caracol.

A muchos los vemos y diferenciamos con claridad –pocos en relación con la cantidad que hay– o puede que pasemos de una cosa a otra y no veamos a ninguno de nuestros ansiados auxiliares ni estemos familiarizados con ellos. Los insectos depredadores dejan evidencias de su paso y conocerlas hará que sepamos que están ahí. Según de qué tipo de evidencias se trate, podremos evaluar el control biológico que se pueda estar dando y en muchos casos ver que no es necesario actuar.

HABIENDO HUEVOS, HAY GALLINAS

Esta es una expresión popular muy cierta, que se convierte en incierta si cambiamos huevos por gallinas. Y aunque no hablemos de aves sino de insectos la aplicación es la misma. Si hay huevos, sabremos con seguridad que hay en la zona ejemplares adultos que los han puesto y, lo más importante, habrá larvas. La larvas suelen tener un mayor peso en la acción de depredar. Por lo tanto, conocer los huevos y la forma en que los ponen nos ayudará a adelantarnos y a esperar un posible control biológico de determinados insectos problemáticos. Los más reconocidos y particulares de entre nuestros aliados son los de crisopa. Tenemos cincuenta especies diferentes en la península ibérica y en Baleares; todas ellas ponen sus huevos sobre un fino hilo que, al endurecerse, mantiene al huevo suspendido. Eso es lo que los hace particulares en relación con los demás. Los hace más visibles, sobre todo cuando se ponen en grupos. Estos huevos pueden ser colocados de forma muy dispersa por toda la vegetación, incluidos los troncos. De este modo, cuando la larva eclosiona, tendrá que movilizarse –a veces bastante– para ir localizando presas. Sin embargo, hay otros auxiliares que colocan sus huevos siempre en torno a sus presas e incluso sobre ellas. Por ejemplo, si vemos focos de pulgón, sabremos, al localizar estos huevos, si podemos esperar control biológico en los próximos días o no.

Los del mosquito depredador (*Aphidoletes aphidimyza*) son minúsculos balines alargados de color naranja brillante. Los colocan en los alrededores de los pulgones, a escasos milímetros de ellos. A simple vista llegan a diferenciarse por el color y con una lupa de bolsillo se ven perfectamente. Las larvas son voraces depredadoras, tienen una gran capacidad para controlar pulgones, y en muchos casos son clave al actuar en focos muy extendidos en pocos días. De forma parecida actúan otros auxiliares reconocidos –por ejemplo, los sírfidos o moscas de las flores, de los cuales hay especies cuyas larvas también depredan pulgón–. Sus huevos son algo más grandes que los de los mosquitos depredadores y de color blanco puro, por lo cual son fácilmente visibles al contrastar con el color de la vegetación. Lo curioso es que los colocan tanto al lado de los pulgones como en las hojas de alrededor. La hembra tiene en cuenta el posible potencial de crecimiento de la colonia de pulgones, de modo que también pone algunos huevos en el entorno inmediato.

Pasando a otras presas y aliados, la mariquita cardenal (*Rodolia cardinalis*) tiene la costumbre de poner huevos sobre las cochinillas acanaladas (*Icerya purchasi*) de las que se alimenta. Los huevos

▲
Larva de escarabajo carábido, *Carabus (Macrothorax) rugosus celtibericus*. Depredadores adaptados a cazar sobre la superficie del terreno.

son rojos y las cochinillas blancas, por lo que se ve perfectamente si hay o no huevos pegados sobre ellas. Si los hay, no debemos preocuparnos, pues este coccinélido tiene una capacidad de control absoluta sobre dichas cochinillas.

¡ESTO ESTÁ MORDIDO!

Todo el mundo reconoce cuándo algún alimento e incluso algún objeto, como un lápiz o un bolígrafo, están mordidos. Un mordisco deja una marca inequívoca y da información inmediata de que no es algo producido de forma accidental, sino intencionadamente por alguien o algo. Hay varias mariquitas, como *Chilocorus bipustulatus* o *Rhyzobius lophantae,* que se alimentan de cochinillas (coccidios) y piojos (diaspinos) y les dejan las señales de los mordiscos. Observaremos grietas irregulares en varios individuos. Incluso habrá algunos de las que sólo quede la mitad. Sabiendo esto, podemos encontrarnos con poblaciones completamente mordidas, es decir, controladas. De modo que no es necesario realizar ningún tratamiento. Eso sí, para saberlo tendremos que llevar encima una pequeña lupa.

EL EFECTO SECANTE

Muchos depredadores no comen a mordiscos, más bien "chupan la sangre" como si de un vampiro se tratara. Esto provoca una deshidratación en sus presas. Es decir, al succionar sus jugos quedan arrugadas. En el caso de las crisopas o de la mosca tigre (*Coenosia* sp.), sus presas quedan diseminadas sobre las hojas y no tardan en caer con el movimiento del viento. Si golpeamos las ramas y ponemos bajo ellas un trozo de tela, o una bandeja de color blanco, podemos ver si hay larvas de crisopa y, además, si caen otros insectos con el aspecto comentado. En el caso de las moscas tigre, es más fácil observar sus rastros porque, cuando se alimentan sobre hojas en horizontal, dejan allí sus presas, que siempre son pequeños insectos voladores, como moscas blancas, mosquitos verdes y pequeñas mosquitas, entre otros. Como hemos comentado, esos restos desaparecen rápido.

▸
Piojo blanco (*Aspidiotus nerii*) mordido por la mariquita *Rhyzobius lophantae.*

Sin embargo, las larvas -tanto de los sírfidos como de los mosquitos depredadores- dejan tras de sí un rastro más duradero de pulgones arrugados que suelen quedar adheridos al vegetal donde se encuentren, durante más tiempo en el caso de los depredados por el mosquito depredador que los depredados por los sírfidos. Además, son más fáciles de observar, pues los pulgones tienden a crear grupos agregados. El caso es que hay materias activas que, tras aplicarlas, causan en los pulgones unos efectos parecidos, aunque con leves diferencias. Los pulgones afectados por tratamiento mantienen todo su contenido al morir, por lo cual, conforme se van arrugando, suelen volverse negros y es frecuente que no se vean secos, sino oleosos y oscuros. Podemos compararlos con algunos vivos que encontremos en las hojas y brotes de plantas cercanas, e incluso observar si hay depredadores además de otros rastros.

MANCHAS EN EL CAMINO

A veces, los insectos auxiliares dejan rastros a su paso como las miguitas de pan en el cuento. Si las vemos y las seguimos daremos con el responsable. O, al menos, sabremos que han pasado por allí y que hay actividad. Las larvas de sírfido, cuando cambian de fase -durante su desarrollo lo hacen tres veces-, así como en el cambio de larva a pupa, segregan una sustancia oscura llamada meconio. Podemos ver esos lamparones oscuros en las plantas por donde se están desarrollando. También las larvas del mosquito depredador (*Aphidoletes aphidimyza*) dejan rastro. Como si de un caracol o babosa se tratara, dejan una fina lámina de mucosa que puede observarse durante poco tiempo; puede observarse en las hojas y tallos que no tengan pilosidad, en compañía de los pulgones, o lo que quede de ellos.

▼
Esta mancha oscura en la hoja de cebada de una cubierta vegetal es el meconio de una larva de sírfido que se está desarrollando en ella.

▲ La diversidad de vegetación en torno al cultivo estimula la presencia y la reproducción de las mariquitas, como esta pareja de mariquitas de 10 puntos (*Adalia decempunctata*).

2 Escarabajos
Orden Coleoptera

Los escarabajos son uno de los organismos vivos más variopintos y diversos que existen. De hecho, se trata del orden animal más numeroso del planeta, con cerca de 400.000 especies identificadas. Aunque se estima que hay más de 1.000.000 de especies, por lo que apenas conocemos la mitad. Tanto larvas como adultos tienen boca masticadora. Estos últimos suelen estar bien protegidos externamente y pueden volar, con la excepción de algunas especies. Las larvas depredadoras, por regla general, tienen el cuerpo alargado, una cabeza bien diferenciada y tres pares de patas que pueden ser más o menos largas, pero ágiles, y les dotan de una movilidad con la que recorren fácilmente la planta donde estén o el terreno en busca de alimento.

MARIQUITAS O COCCINÉLIDOS
Familia Coccinellidae

Descripción. Vistas desde arriba tienen forma redondeada u ovalada. De perfil son abombadas, algunas llegan a tener formas semiesféricas, siendo la parte inferior completamente plana. Su coloración gira en torno a colores cálidos (rojo, naranja, amarillo, rosado, marrón...) y el negro y blanco como contraste. O también pueden ser marrones o negras por completo. Su tamaño es muy variable, desde 1 mm a 1 cm aproximadamente, en función de la especie. Sus antenas son pequeñas, poco llamativas a simple vista. Por regla general, las especies más grandes y vistosas son brillantes, de aspecto pulido. Hay muchas otras, más pequeñas, que presentan una pilosidad muy sutil que les da un aspecto aterciopelado. A pesar de su aspecto rechoncho son voladoras.

Las larvas están cubiertas de verrugas espinosas, por eso parecen rugosas, pero tan pequeñas y blandas que no nos dañan si las cogemos. A pesar de su voracidad no se aprecian las mandíbulas a simple vista. Su coloración es muy variada y algunas segregan una cubierta algodonosa de color blanco que oculta su cuerpo, como es el caso de los géneros Scymnus o Cryptolaemus.

Los huevos los ponen en forma agrupada o individual y tienen forma de balín. Son lisos, sin estrías, de color anaranjado o blanquecinos. Suelen observarse con facilidad donde hay pulgones.

No confundir con... Por su parecido razonable algunas especies de la familia Chrysomelidae pueden ser confundidas con coccinélidos si no estamos muy familiarizados con ellas. Se trata de una familia fitófaga que en muchos casos genera problemas en algunos cultivos. Por ejemplo, la galeruca en pistacho y otros árboles (*Labidostomis lusitanica*) o en ornamentales como el defoliador del olmo (*Chrysomela populi*). Una serie de rasgos nos ayudarán a diferenciarlos de forma rápida a simple vista. Las antenas de los crisomélidos son largas, más gruesas y les llegan a los élitros –parte endurecida que cubre las alas–, mientras que las de las mariquitas son cortas y pueden esconderlas a los lados de la cabeza sin que sobresalgan. Los crisomélidos pueden presentar colores metalizados y dibujos a rayas, mientras que los coccinélidos nunca. Por último, los crisomélidos presentan barriga, es decir, su perfil inferior no es plano.

Notas sobre su forma de vida. Los coccinélidos, al ser una familia amplia y diversa, pueden encontrarse prácticamente durante todo el año, en multitud de plantas, tanto arbóreas como arbustivas y herbáceas. El invierno lo pasan en forma de adultos, resguardados en grietas de troncos y paredes, en plantas invernales, bajo piedras, etc. Son numerosas las generaciones que se dan a lo largo del año.

¿Qué comen? Tanto las larvas como los adultos son voraces depredadores. La presa principal de muchas mariquitas son los pulgones, aunque hay especies que se alimentan de cochinillas, piojillos, mosca blanca o ácaros. Los adultos pueden complementar su dieta con néctar y polen. A continuación se detallan algunas mariquitas y su fuente principal de alimento.

▲
Una larva de mariquita de 7 puntos (*Coccinella septempunctata*) recorre la inflorescencia de un cardo en busca de pulgones.

▲
Las larvas del género Scymnus segregan sobre su cuerpo proyecciones céreas dándole un aspecto peculiar.

ALGUNAS ESPECIES DE MARIQUITAS Y SU ALIMENTO PRINCIPAL

Especie	Presa principal
Adalia bipunctata	Pulgones
Coccinella septempunctata	Pulgones
Hippodamia variegata	Pulgones
Oenopia doublieri	Pulgones
Platynaspis luteorubra	Pulgones
Psyllobora vigintiduopunctata	Hongos
Scymnus sp.	Pulgones, mosca blanca, cochinillas
Clistotethus arcuatus	Mosca blanca
Cryptolaemus montrouzieri	Cochinillas
Hyperaspis reppensis	Cochinillas
Rhyzobius lophanthae	Cochinillas
Rodolia cardinalis	Cochinillas
Chilocorus bipustulatus	Cochinillas, ácaros
Stethorus punctillum	Ácaros

Qué hacer para fomentarlas. Las mariquitas son una gran familia, con una alimentación variada y multitud de preferencias en cuanto a hábitats. Las especies más frecuentes son las que se alimentan de pulgones, por eso son las más apreciadas por hortelanos y fruticultores. Suelen alimentarse de diferentes especies de áfidos, mas es importante que cuenten con un entorno diverso que se traduzca en una mayor disponibilidad de especies. Por ejemplo, si la mariquita de 7 puntos se alimenta de pulgones del melocotón (*Myzus persicae*), del haba (*Aphis fabae*) o de las leguminosas (*Acyrthosiphon pisum*), se desarrolla en menos tiempo, adquiere más peso y sobrevive mayor número de larvas que si se alimenta del pulgón de las crucíferas (*Brevicoryne brassicae*) o del saúco (*Aphis sambuci*). Y dentro de los pulgones que se alimentan de la misma familia de plantas, por ejemplo de leguminosas, la mariquita de 2 puntos (*Adalia bipunctata*) pone casi la mitad de huevos alimentándose de *Megoura viciae* que si se alimenta de *Acyrthosiphon pisum* o *Aphis fabae*, además de aumentar la mortalidad de larvas. Con esto vemos que el mantenimiento de cubiertas y lindes con vegetación variada asegurará un menú adecuado y que cubra sus necesidades alimenticias.

Las cubiertas de vegetación arvense son las más valiosas por ser variadas y adaptadas a la zona. Ejemplos de hierbas afines son el hinojo (*Foeniculum vulgare*), hierba de Santiago (*Senecio jacobaea*), carretones (*Medicago* spp.), amarantos (*Amaranthus* spp.), cardos varios como el mariano (*Silybum marianum*). También se suelen sembrar girasoles (*Helianthus annuus*), habas (*Vicia faba*) y cereales como la cebada que atraen pulgones como *Rhopalosiphum padi*, *Sitobion avenae* o *Schizaphis graminum*. Es frecuente añadir alguna leguminosa para contar con pulgones de esta familia. Se colonizan mejor si tienen contacto cercano con zonas naturales y lindes. Si tenemos en cuenta el polen como un recurso necesario, las cubiertas de crucíferas son una buena opción cuando haya que reforzar la comunidad vegetal de las cubiertas; por ejemplo, con el jaramago blanco (*Diplotaxis erucoides*). Pero no todo son hierbas, pues hay especies vinculadas a los árboles y arbustos, o especies que frecuentan ambos estratos, como la

EXCEPCIONES

Entre las mariquitas hay alguna excepción que no se alimenta de insectos. La mariquita naranja (*Henosepilachna argus*) come plantas. Tiene especial preferencia por la hierba llamada pepinillo del diablo (*Ecballium elaterium*), donde se le puede observar fácilmente. La mariquita amarilla de 22 puntos (*Psyllobora vigintiduopunctata*) se alimenta de hongos, y tiene preferencia por los oídios, especialmente del género Sphaerotheca.

▲
Larva de *Chilocorus bipustulatus* alimentándose de piojo rojo (*Anodiella aurantii*). No todas las mariquitas se alimentan de pulgones.

mariquita de 7 puntos (*Coccinella septempunctata*), la adonis (*Hippodamia variegata*), la de 14 puntos (*Propylea quatuordecimpunctata*), la negra enana (*Stethorus pusillus*) o la negra (*Scymnus frontalis*). Especies que prefieren la arboleda son, por ejemplo, la mariquita de 2 puntos (*Adalia bipunctata*), la de 10 puntos (*Adalia decempunctata*), la rosada (*Oenopia doublieri*), la morada (*Exochomus quadripustulatus*) y la cardenal (*Rodolia cardinalis*).

Hay árboles y arbustos que son una elección clásica para setos, como son olmos (*Ulmus* sp.), granados (*Punica granatum*), ciruelos (*Prunus* sp.),

encinas (*Quercus ilex*), coscojas (*Quercus coccifera*) y madroños (*Arbutus unedo*). También la adelfa (*Nerium oleander*), con sus pulgones amarillos (*Aphis nerii*), los cuales contienen alcaloides que evitan que los coccinélidos se alimenten de ellos, salvo la adonis y la de coloretes (*Exochomus nigromaculatus*). Como ocurre con las hierbas, será necesario disponer de baterías de plantación con diversas especies para evitar disminuir probabilidades de existencia. En campos de cultivo de cítricos rodeados de riberas arbóreas bien conservadas a base de álamos, fresnos y nogales, entre otros árboles, suelen estar presentes con relativa abundancia la mariquita negra enana, la de 14 puntos y la rosada. Si esas riberas contienen además sauces (*Salix* sp.), aristoloquia (*Aristolochia baetica*) e higueras (*Ficus* sp.) puede mantenerse presencia de la mariquita australiana depredadora de piojos *Rhyzobius lophanthae*; también en ornamentales como las palmeras Cicas (*Cycas revoluta*).

Los espacios ornamentales pueden ser una buena fuente y reservorio de insectos auxiliares. En jardines donde haya azahar de China (*Pittosporum* sp.) es frecuente encontrar grandes grupos de la mariquita cardenal alimentándose de la cochinilla acanalada (*Icerya purchasi*) que tanta afinidad tiene con esta planta. Está claro que el entorno donde se desarrolle nuestra actividad debe hacer honor a esta familia con diversidad de especies, recuperación y restauración de lindes, taludes, ribazos, riberas, caminos, zonas no cultivadas y jardines, buscando la funcionalidad que se traducirá en rica comunidad de mariquitas.

◂
Hay mariquitas que sólo frecuentan los árboles, como esta *Oenopia doublieri,* que puede verse en cítricos, frutales, nogales, olmos...

▴
A veces, las larvas de mariquita se movilizan para pupar en piedras o maderas junto a las plantas donde se han desarrollado, como en este caso.

▴
Esta mariquita de las cucurbitáceas (*Henosepilachna argus*) se alimenta de polen y de tejido vegetal, pero tiene más predilección por la hierba del pepinillo del diablo (*Ecballium elaterium*) que por los cultivos.

OLOR A PULGÓN

Algunas larvas de mariquita han ideado una estrategia para protegerse de las hormigas. Por ejemplo, las larvas de mariquita negra, pertenecientes al género Scymnus o también Cryptolaemus, además de segregar una cubierta algodonosa que las protege, huelen a pulgón. Esta última táctica también la utilizan otras larvas, como la de *Platynaspis luteorubra*.

COLORES DE AVISO

La coloración de los coccinélidos gira en torno a colores cálidos (rojo, naranja, amarillo, rosado, marrón...) con el blanco y el negro como contraste, aunque en muchos casos el negro es el color dominante o único. Estos colores cálidos se presentan de forma llamativa y brillante. Recurrir a rasgos llamativos es lo que se conoce como aposematismo y suele significar en la Naturaleza "no me comas que te vas a arrepentir", ya sea por mal sabor, veneno, toxinas... En efecto, la mayoría de los coccinélidos tienen alcaloides en su hemolinfa (la sangre de los insectos). Los adultos la excretan por una glándula en la articulación que une el fémur con la tibia y también la poseen larvas, pupas y huevos. Podemos hacer la prueba manipulando con cuidado una mariquita de 7 puntos, por ejemplo, y veremos cómo nos mancha los dedos con un líquido amarillento. Estos alcaloides de mal olor y sabor son tóxicos, especialmente para aves y mamíferos. Se han identificado alrededor de cincuenta tipos diferentes de alcaloides en la familia de los coccinélidos y suelen ser específicos por género. Ejemplos: la coccinelina en el género Coccinella, la hippodilina en el género Hippodamia y la adalina en el género Adalia.

Algunas especies pequeñas de escarabajo errante poco llamativas son parasitoides de larvas de moscas, como algunas pertenecientes a la subfamilia Aleocharinae.

ESCARABAJOS ERRANTES O ESTAFILÍNIDOS

Familia Staphylinidae

Descripción. Son estrechos y de perfil aplanado. Esto facilita que puedan explorar cualquier recoveco allá donde se encuentren. En la coloración predomina el negro, que puede estar mezclado principalmente con rojo, marrón o gris. El tamaño en esta extensa familia es muy variable y va desde 3 mm escasos hasta 3 cm de longitud. Los élitros –parte que cubre las alas– son pequeños y cortos, lo que provoca que la mayor parte de su abdomen quede al descubierto. Bajo los élitros quedan plegadas las alas, que en la mayoría de los casos son perfectamente funcionales. No poseen ningún órgano venenoso ni aguijón, aunque las especies más grandes –como las del género Ocypus– disponen de unas glándulas que segregan un líquido apestoso cuando se sienten en peligro. Al usarla arquean el abdomen a la vez que abren sus imponentes mandíbulas.

La cabeza de la larva y los tres segmentos siguientes de su cuerpo son brillantes, de color oscuro y bien esclerotizados o endurecidos. Las mandíbulas son largas y finas, y quedan cruzadas frente a la cabeza cuando están plegadas. El resto del cuerpo es blando y de color más claro. Al final posee dos apéndices sensoriales muy desarrollados y un falso pie con el que se ayudan en los desplazamientos, que lo apoyan a modo de bastón.

No confundir con... Estos escarabajos suelen confundirse con las tijeretas, si bien su diferenciación es fácil y rápida. Ambos presentan cuerpos alargados, tres pares de patas, antenas parecidas e incluso levantan el abdomen de igual forma, pero la tijereta es la única que tiene un órgano bien diferenciado en el extremo del abdomen a modo de tijeras o tenazas. Por otro lado, y a pesar de su parecido, las tijeretas no pertenecen a la familia de los coleópteros o escarabajos, sino a la de los dermápteros, una familia totalmente distinta.

Notas sobre su forma de vida. A pesar de parecer lo contrario, tienen alas y pueden volar, si bien hay especies que han dejado de hacerlo o muy raramente lo hacen, como las de mayor tamaño. Generalmente, son activos desde el atardecer hasta el amanecer, pues huyen de los rayos del sol y de las altas temperaturas, especialmente los de mayor tamaño. Los más pequeños vuelan a la luz del día y podemos encontrarlos en cualquier momento porque caen sobre la mesa del jardín o de la terraza del bar. Las larvas están más condicionadas que los adultos por las condiciones

La especie de mayor tamaño y muy frecuente en las huertas es *Ocypus olens*.

ambientales, especialmente por la humedad, por lo cual tienen un carácter nocturno más marcado y se desarrollan en tierra.

¿Qué comen? Tanto las larvas como los adultos se alimentan de otros organismos. Las presas son muy diversas y están especialmente vinculadas al ambiente edáfico o terrestre. Comen larvas y pupas de moscas problemáticas, como las moscas del mantillo (familia Sciaridae) o moscas de los sembrados (*Delia* spp.); también larvas de escarabajos, entre los que se encuentran el gusano de alambre (*Agriotes* spp.), orugas pequeñas, huevos varios, ácaros, caracoles, lombrices… Asimismo, están los escarabajos que suben a las plantas en busca de pulgones o ácaros con los que alimentarse. Otros están vinculados a nidos de otros animales como aves o mamíferos.

Qué hacer para fomentarlos. El manejo que hagamos del terreno será clave para contar con una rica comunidad de estos escarabajos auxiliares. Requieren de un ambiente húmedo (que no mojado) para satisfacer sus necesidades biológicas, ya sea refugiarse durante el día, buscar alimento o realizar sus puestas. Por eso, las estrategias a llevar a cabo irán encaminadas a favorecerles ese espacio húmedo. También la incorporación de materia orgánica sólida supone un gran estímulo para esta familia. Por un lado, porque mejora la capacidad de retención de agua del terreno y aumenta su grado de humedad. Y por otro, porque aumenta la actividad y presencia de pequeños organismos, lo que supone presas de las que alimentarse. No importa que los aportes sean frescos –como estiércol o restos de cosecha verdes– o que sean maduros –como restos de compost–, a los pocos días veremos allí estafilínidos.

Bajo piedras o troncos encontrarán un ambiente umbrío idóneo, y lo mismo bajo balas de paja, tablones, cajas de recolección apiladas, rollos de goma de riego, o incluso un viejo chaleco que nos hayamos olvidado entre la vegetación. Levantando cualquiera de estos elementos durante el día podemos ver refugiados tanto a adultos

¡UN ESCARABAJO PARASITOIDE!

Dentro de la familia de los estafilínidos existen parasitoides pertenecientes a la subfamilia Aleocharinae y concretamente al género Aleochara. Mientras que los adultos depredan sobre larvas de dípteros, sus larvas parasitan las pupas de estos. Tienen un papel significativo en el control biológico de moscas esciáridas y de los sembrados, que llegan a ser plaga en numerosos cultivos herbáceos.

EXPERTOS EN PAPIROFLEXIA

Bajo los pequeños élitros quedan plegadas las alas, que en la mayoría de los casos son perfectamente funcionales. Es sorprendente, dado el reducido tamaño donde quedan escondidas, lo que recuerda el arte de la papiroflexia cuando observamos el proceso de plegado. Para plegar las alas se ayudan de unos pequeños apéndices que tienen al final de su abdomen; los pueden levantar hacia arriba al modo del escorpión.

▲ También las larvas adoptan una actitud amenazante, como la de esta larva de *Ocypus olens*.

NECESIDAD DE HIDRATACIÓN

Sus huevos necesitan humedad ambiental porque absorben el agua del ambiente durante el periodo de incubación. De hecho, pueden aumentar varias veces su tamaño mediante la hidratación.

como a larvas. Por ello, y con el fin de acogerlos, es adecuado colocar junto al cultivo cualquiera de los elementos citados, tanto naturales como artificiales, para que se beneficien estos y otros auxiliares. Por ejemplo, las luciérnagas con las que conviven y a las que favorecerán las mismas medidas.

Los que vuelan a plena luz del día son muy pequeños y difíciles de observar. No obstante, si queremos ver los que tenemos alrededor, miremos en cualquier recipiente de agua que tengamos cerca: un bebedero, pilón, alberca, cubo de agua... Incluso podemos poner a propósito un punto de agua durante varios días, especialmente en primavera. Allí veremos algunos de estos minúsculos ejemplares entre otros insectos que habrán caído en el agua. También podemos buscarlos entre el mantillo de nuestros arriates, macetas o jardineras, donde abundan larvas de pequeñas mosquitas y donde no es difícil ver algún adulto de estafilínido parasitoide.

LOS CARÁBIDOS

Familia Carabidae

Descripción. El cuerpo es aplanado, robusto y resistente, dotado de ágiles patas que les aportan gran movilidad y rapidez. Las especies mayores pueden llegar a medir hasta 3 cm, aunque también los hay de apenas unos milímetros. Suelen ser brillantes, de bonitos tonos verdes o azules metalizados o también negros. Sus élitros no son lisos, poseen relieve rugoso, rayado o punteado según las especies. Sus antenas y palpos bucales, con los que rastrean sus presas, están bien desarrollados y son claramente visibles. Poseen agudas y fuertes mandíbulas propias de un cazador. Son pocas las especies que pueden volar. De hecho, en muchos

◄ Los tamaños de los escarabajos errantes pueden ser muy pequeños y difíciles de ver entre la materia orgánica del terreno.

▲ Este carábido, *Carabus (Macrothorax) rugosus celtibericus*, busca entre los restos de poda triturados bajo los frutales, para lo cual está perfectamente adaptado.

▲
Están equipados con buenas mandíbulas y palpos sensoriales, que junto con su coraza y velocidad hacen que estos cazadores sean infalibles.

casos los élitros están fusionados y las alas han desaparecido bajo ellos. Pero se desplazan con rapidez y agilidad por el terreno.

El cuerpo de la larva puede ser negro, marrón o color crema, según la especie. La parte superior de los segmentos del cuerpo es más brillante y oscura, porque está más esclerotizada, lo cual mejora su defensa al ser una zona más dura y resistente que la inferior. Larvas y adultos poseen un aparato bucal con buenas mandíbulas en forma de gancho y palpos muy desarrollados con los que rastrear el terreno en busca de alimento.

◂
Una de las estrategias de defensa de las larvas es regurgitar contenido estomacal. Desagradable pero efectivo.

LOS ARBORÍCOLAS

Los carábidos son terrestres, pero hay especies, como *Calosoma sycophanta,* que se han especializado en cazar sobre los árboles, especialmente orugas como las lagartas (*Lymantria* sp.) y otras defoliadoras. Sin embargo, en las últimas décadas ha habido un descenso preocupante de su presencia en bosques y arboledas, por lo que es difícil su observación.

LA TÁCTICA DE DESAGRADAR

Los carábidos son escarabajos depredadores que poseen buenas defensas, como dureza, rapidez y fuertes mandíbulas. Aun así, algunos tienen un arma secreta que llegan a utilizar en caso de ser atacados o sentirse en peligro. Se trata de una sustancia maloliente que excretan por el extremo de su abdomen, o por la boca, como lo hacen algunas larvas. Literalmente vomitan el contenido estomacal, pestilente y nada agradable. Una estrategia muy eficaz porque deja a su posible agresor sin apetito.

NOCTURNIDAD

Los carábidos son una de las familias más numerosas, y también de las más abundantes en número de especies. Al comenzar su actividad al atardecer y seguirla durante la noche son presa frecuente de aves nocturnas, como los cernícalos o los mochuelos, entre otros. Sus restos son fáciles de observar e identificar entre las egagrópilas de estas aves.

No confundir con... Algunos escarabajos de la familia de los tenebriónidos pueden parecerse a simple vista a los carábidos, ya que frecuentan los mismos lugares. Observando con detenimiento su comportamiento saldremos de dudas rápidamente. Los tenebriónidos son más lentos e incluso torpes; cuando se sienten amenazados pueden llegar a fingir estar muertos, ya que no son veloces en la huida. Todo lo contrario que los carábidos.

Notas sobre su forma de vida. La mayoría de los carábidos se pasan el día ocultos bajo la vegetación o bajo troncos, piedras, cajones de fruta y otros elementos de su entorno. Comienzan su actividad al atardecer, y continúan durante la noche cuando el tiempo no es frío. Salvo contadas excepciones no son voladores, por lo que su actividad se desarrolla en tierra; sin embargo, algunas especies están especializadas en cazar sobre los árboles. Son depredadores durante todo el ciclo de vida.

¿Qué comen? Comen especialmente orugas y larvas de numerosos insectos terrestres, además de lombrices y caracoles. Asimismo, pueden depredar sobre pupas o crisálidas de polillas que encuentren a su paso en los primeros centímetros del terreno y bajo las piedras.

Qué hacer para fomentarlos. Su vida está ligada a la tierra, de modo que es a ella a donde debemos dirigir nuestra atención para fomentarlos.

Por un lado, deben encontrar refugio donde pasar el día, así que es mejor conservar elementos del entorno, como piedras o troncos, colocándolos de forma estratégica alrededor e incluso en el interior del cultivo. Losas de piedra, tejas, tablones y otros elementos similares, así como balas de paja y cajas. En definitiva, cualquier elemento lo suficientemente grande como para crear bajo él una zona sombría y fresca. Hay que crear estos espacios en diferentes lugares para facilitar la movilidad y distribución de los carábidos por toda la zona. Las cubiertas vegetales también proporcionan condiciones adecuadas y actúan como corredores biológicos. O el picado de leña distribuido a modo de acolchado en las calles de las plantaciones arbóreas. Conservar la vegetación en las divisiones y lindes entre parcelas hace de verdaderas autopistas para que este tipo de organismos se muevan y puedan refugiarse por la zona. Igualmente, les favorecen los setos que presenten buena cobertura en superficie, especialmente los arbustivos de ramas bajas, así como las especies de hoja caduca, pues crean una capa superficial de mantillo natural, un hábitat idóneo para estos depredadores y rico en presas de las que alimentarse.

Por otro lado, los aportes de materia orgánica también son claves a la hora de favorecer una mayor comunidad de organismos, lo que significa una mayor disponibilidad de alimento.

▼
Este escarabajo tigre (*Myriochila melancholica*) frecuenta la zona húmeda de un gotero en una huerta de hortalizas.

ESCARABAJOS TIGRE O CICINDÉLIDOS

Familia Carabidae y subfamilia Cicindelinae

Descripción. Miden entre un 1 cm y 1,5 cm aunque hay especies más pequeñas. Presentan coloraciones verdosas, pardas o grisáceas con brillos irisados como los elementos minerales del terreno. Bajo los élitros poseen un par de ágiles alas que les proporcionan un vuelo rápido y potente. Las antenas son largas y sus ojos, grandes y saltones. En la parte superior de los ojos la superficie de la cabeza se prolonga ligeramente a modo de muesca triangular, lo que les da una expresión de agresividad y enfado. En la boca destacan unas mandíbulas aserradas e imponentes.

El cuerpo de la larva es blando y vulnerable, de color crema a excepción de su cabeza y protórax, partes que son oscuras y duras y que juntas forman un círculo que encaja perfectamente en la apertura del túnel donde viven. Cuando se asoma, mientras que su cabeza y protórax quedan a ras de la superficie -horizontalmente, como si fuera una tapadera-, el resto del cuerpo queda verticalmente bajo tierra.

La cabeza está rematada por unas mandíbulas que apuntan hacia arriba, de modo que cazan al igual que si fueran un cepo. Cualquier presa potencial que pase por encima o cerca de ella se verá atrapada entre sus mandíbulas -que se cierran automáticamente- y luego arrastrada hacia el fondo del túnel. Su técnica de caza está muy depurada. En el quinto segmento del abdomen tienen una protuberancia de la que salen unas pequeñas espinas duras y curvas de manera que en el interior del túnel el cuerpo adquiere forma de "ese", y las patas y las espinas de esta protuberancia le sirven para fijarse y anclarse a las paredes si la presa intenta escapar y opone resistencia a ser llevada hacia adentro.

No confundir con... Los escarabajos tigre son inconfundibles.

CAMUFLAJE

La mayoría de las especies presentan en los élitros una serie de manchas claras a modo de pequeños círculos y otras formas irregulares, además de un discreto brillo irisado. Esto rompe visualmente su contorno, además de emular granitos de gravilla o arena. Todo esto no es casual, forma parte de su eficaz estrategia de camuflaje.

LOS MÁS VELOCES

Sus patas son largas, delgadas y ágiles. Su rapidez de movimiento, unida a la forma de su cuerpo, les proporciona tal velocidad que podemos afirmar que en la subfamilia Cicindelidae se encuentran los insectos más rápidos del mundo.

SENSIBLES

Excepto la espalda y la parte superior de la cabeza, el cuerpo lo tienen cubierto de una pilosidad muy sensitiva. Gracias a ella perciben las vibraciones de su entorno a varios metros de distancia, además de sentir las condiciones de humedad y textura del ambiente y de la tierra.

Notas sobre su forma de vida. Tienen predilección por los espacios abiertos, y escasean en los lugares sombríos donde hay mucha vegetación, sobre todo si es muy espesa. Por ello, encontraremos mayor densidad en los caminos y zonas de huerta recién cosechada. Hay especies que prefieren las tierras arenosas o de textura ligera, donde sus larvas se desarrollarán mejor, pues pasan toda su vida en la tierra, dentro de un túnel que excavan. Pero los encontraremos también en terrenos arcillosos. Los adultos son amantes del sol y el calor. Tanto es así que podemos estar en la huerta a primera hora y, a pesar de saber de su presencia, no verlos hasta que los primeros rayos de sol comiencen a calentar. Se mueven correteando sobre la tierra y sobre plantas rastreras o pequeñas en busca de alimento. No suelen levantar el vuelo a menos que se vean amenazados o se les moleste.

¿Qué comen? Presas pequeñas que por lo general no superan la mitad de su tamaño. Su dieta incluye hormigas, pequeñas chinches y escarabajos, moscas y larvas que vivan o pasen parte de su ciclo sobre la superficie de la tierra. Por lo tanto, quedan fuera de su dieta presas que se encuentren

▲
Salvo la cabeza, que es la zona expuesta y con la que caza, el resto del cuerpo es blando, en el que destaca una protuberancia con unas pequeñas espinas que hacen las veces de ancla dentro del túnel en el caso de que la presa ponga resistencia.

o bien sobre plantas que superen un palmo de altura, o bien bajo tierra, a menos que hagamos una labor somera y queden al descubierto.

Qué hacer para fomentarlos. Sus larvas se desarrollan bajo tierra y sus galerías son profundas, pueden medir más de un metro. Por ello, si hay larvas en nuestro cultivo, no hemos de tener miedo a pasar por encima cuando escardamos, observamos, recogemos cosecha, etc., pues se retirarán al interior mucho antes de que podamos hacerles el menor daño. Las labores de preparación afectan en mayor medida pero sin llegar a eliminarlas, siempre y cuando no sean labores profundas, sino que se queden en los primeros centímetros de tierra. Ni qué decir tiene que toda intromisión en el terreno es una molestia, sobre todo si utilizamos algún tipo de maquinaria, por lo que si lo hacemos en exceso podemos alterar constantemente el medio y perjudicar o eliminar la población de escarabajos tigre.

En el caso de tener una población interesante, si estamos pensando en diseñar un seto en una zona sin cultivar, hemos de tener en cuenta que les gustan los espacios abiertos. Podemos colocar los setos en todo el perímetro de esa zona salvo

▼
Detalle de cómo veremos el agujero cuando llegamos, y, en la foto de al lado, cómo asomará la larva en unos minutos de silencio y quietud.

◀
La cabeza de la larva encaja a la perfección en el hueco de entrada, donde queda a la espera de que pase una presa potencial cerca.

por donde linda con la cultivada, de manera que dejamos abierto ese espacio de vegetación natural. Si esta zona sin cultivar se encuentra en medio del terreno cultivado, realizaremos los setos a modo de agrupaciones vegetales aleatorias, sin cerrar el perímetro. No espesará mucho la vegetación. En el caso de que lo hiciera, sería conveniente desbrozar someramente una parte una vez al año y alternar con la otra a la siguiente vez. Así no perjudicaremos al resto de organismos que allí vivan.

Los acolchados, en especial los realizados con malla, plástico o cartón, impiden que las hembras coloquen huevos en las líneas de cultivo o caballones.

ESCARABAJOS SOLDADO O CANTÁRIDOS

Familia Cantharidae

Descripción. Las especies más frecuentes y visibles, como *Rhagonycha fulva* o *Cantharis coronata,* tienen en torno a 1 cm de longitud. Presentan coloraciones a base de ocres, rojos y negro. Su forma es alargada, de cuerpo estrecho, tanto vistos desde arriba como lateralmente. Una característica de estos escarabajos es que los élitros son rectos, lisos, no están curvados y son blandos, flexibles y de consistencia parecida al cuero.

La larva suele ser de color crema o de color oscuro y de cuerpo blando, sin zonas brillantes ni endurecidas. Tiene tres pares de pequeñas patas, lo cual no significa que sean lentas en sus movimientos. Poseen dos finas mandíbulas bien afiladas y en su cabeza, junto a la boca, destacan cuatro pequeños apéndices con los que se orienta y rastrea a sus presas.

No confundir con... Hay varios escarabajos que suelen confundirse con los cantáridos por su aspecto y por frecuentar los mismos lugares, como el *Heliotaurus ruficollis,* de la familia Tenebrionidae, de color negro y rojo y abundante sobre flores de las que come el polen. Si nos fijamos bien, a simple vista veremos que sus élitros son curvados y con rayas. Además, su cuerpo visto de perfil es más abultado y rechoncho hacia el extremo del abdomen que el de los estilizados cantáridos.

Notas sobre su forma de vida. Los adultos son especialmente frecuentes durante la primavera y principios de verano. Es cuando se les puede ver en grandes cantidades sobre sus plantas favoritas en flor, que son su punto de reunión para el apareamiento, tras el cual suelen dispersarse. Las

▲
Los cantáridos, como este *Rhagonycha fulva,* vuelan.

CONFUSIONES

Hay quien confunde a los cantáridos con las denominadas cantáridas o mosca española, la *Lytta vesicatoria* de la familia Meloidae, un escarabajo verde metalizado bien conocido en homeopatía por su contenido en cantaridina, de múltiples aplicaciones y que, fuera de este ámbito, hizo más famoso y más sonado su uso en el pasado como peligroso afrodisíaco y vasodilatador, algo que se encargó de comprobar el marqués de Sade, asiduo a esta sustancia.

hembras no dejan de alimentarse, especialmente de polen, por lo que puedes encontrarlas sobre las flores veraniegas con el abdomen más hinchado de lo normal, justo antes de poner los huevos.

¿Qué comen? Los adultos, en primer lugar, se alimentan de polen y algo de néctar y, como complemento, depredan sobre insectos pequeños y de cuerpo blando, como pulgones, pequeñas larvas o huevos. Las larvas son depredadoras, así que desde que salen del huevo comienzan a alimentarse de otros organismos de cuerpo blando que habitan en la tierra donde se desarrollan, como larvas de lepidópteros y dípteros y los huevos de estos.

Qué hacer para fomentarlos. El estado de la tierra y el cuidado que le propiciemos tendrá su repercusión en la población futura de cantáridos, ya que es ahí donde se desarrollan las larvas. Aquellas prácticas agroecológicas que promuevan la actividad biológica edáfica serán positivas. Por ejemplo, los aportes de compost, o de estiércol, o la incorporación de vegetación, o una labor mecánica superficial y adecuada, etc. Por otro lado, otras medidas como la colocación de piedras planas, troncos en descomposición y otros elementos similares son también interesantes, pues les ofrecen condiciones idóneas de alimentación y refugio a las larvas.

ALAS DE CUERO

También se les da el nombre común en toda Europa de escarabajos soldado o coraceros, por encontrarles una semejanza en colores y formas con estos soldados uniformados. Menos imaginativos, los alemanes los llaman algo así como "alas suaves" y en Estados Unidos "alas de cuero" (*leatherwings*) por las características de sus élitros.

En cuanto a los adultos, hay estrategias que no fallan. Los cordones o corredores de vegetación cuya floración ofrezca polen favorecen grandes congregaciones de cantáridos. No hacen falta flores grandes ni llamativas, pero sí abundancia de florecillas, que en su conjunto producen grandes cantidades de polen concentradas en poco espacio. Eso es lo que les gusta a los escarabajos soldado. Estos corredores florales pueden ser sembrados con diversas especies adecuadas, con floración escalonada sobre todo desde principios de primavera a principios de verano, o estar formados de vegetación espontánea. Plantas silvestres a tener en cuenta son muchas, aunque las irresistibles son las compuestas, como cardos

▲
Un cantárido (*Cantharis coronata*) se alimenta de pulgón sobre una acedera (*Rumex crispus*).

de floración morada o umbelíferas como las zanahorias silvestres (*Daucus* spp., *Ammi* spp., *Torilis* spp.) o neldo (*Ridolfia segetum*), muy atractivas para los cantáridos de la especie *Rhagonycha fulva*.

Cultivos que por su ciclo coincidan con el momento álgido de los escarabajos soldado es interesante que una vez aprovechados los dejemos florecer y permanezcan en el terreno un tiempo más. Tal es el caso de la acelga, una quenopodiácea que como tal no tiene una floración llamativa, pero cumple las características ya comentadas. La acelga y otras hierbas como el *Rumex* sp. (poligonáceas) son muy apetecibles para los pulgones como el *Aphis fabae*, entre otros, a los que encontraremos en ellas cuando estén en floración. Esto hace que el escarabajo soldado encuentre polen y, además, pulgones para alimentarse.

▲
Hierbas como la acelga silvestre (*Beta maritima*) o cultivada (*Beta vulgaris* var. *cicla*) atraen a los cantáridos cuando están próximas a florecer y en floración.

◄
La floración es fundamental para el proceso reproductivo, ya que estimula el apareamiento y proporciona polen para aumentar la fecundidad. Las umbelíferas como este neldo (*Ridolfia segetum*) son puntos de encuentro.

Macho de luciérnaga mediterránea (*Nyctophila reichii*), el cual tiene alas con las que vuela las noches de verano.

LUCIÉRNAGAS

Familia Lampyridae

Descripción. La hembra adulta se parece a una larva, ya que no posee ni élitros ni alas y por tanto no puede volar. El macho sí que puede, con un par de alas bien desarrolladas protegidas por los élitros, blandos como los de los cantáridos. Los adultos son de un color pardo, más o menos oscuro en función de la especie, aunque la hembra es de color más claro, y en especies como *Nyctophila reichii* llega a ser de color crema con zonas rosadas. Ambos sexos poseen una característica común: su par de pequeñas pero visibles antenas. Los machos tienen una diferencia inconfundible que es clave en los lampíridos. Sus ojos están muy desarrollados, tanto que son casi esféricos y dan la sensación de estar unidos. Ocupan la mayor parte de su cabeza, en la que el aparato bucal es casi testimonial. Sus antenas también son pequeñas, pues es el sentido de la vista el más desarrollado, lo cual es lógico dada su comunicación lumínica. Por ello los ojos les son muy valiosos y los tienen protegidos por una carcasa (pronoto) que se prolonga por encima de ellos, y que les cubre la cabeza. Esta carcasa es traslúcida, y a través de ella pueden verse desde arriba los ojos, interesante adaptación para protegerse sin perder visión nocturna.

Las larvas llegan a medir unos 3 cm. Los segmentos de su cuerpo parecen placas oscuras y resistentes; no así la piel que queda entre ellas, sobre todo en los laterales entre la parte superior y la inferior, donde asoma una piel de color amarillento o rosado, que queda visible cuando la larva está bien alimentada. En caso contrario estará delgada, incluso las placas de su cuerpo se solaparán en parte. La cabeza está repleta de palpos sensoriales y tiene un par de mandíbulas curvas y muy finas. El cuello es retráctil, de manera que puede retraer su cabeza para protegerla.

No confundir con... Los escarabajos de la familia Drilidae tienen similitudes con las luciérnagas. Tanto es así que se les llama falsas luciérnagas, a pesar de que las diferencias son mayores que las similitudes. En primer lugar, no emiten luz; los adultos se diferencian bien y la hembra no tiene alas ni élitros pero es aterciopelada, a diferencia de la verdadera luciérnaga. La larva, que se alimenta también de caracoles, tiene numerosas prolongaciones sobre su cuerpo cubiertas de pelos rojizos.

Luz pueden emitir tanto machos como hembras y en todos los estadios de su ciclo de vida, incluida la fase de pupa.

Notas sobre su forma de vida. Las luciérnagas son activas en el crepúsculo y durante la noche. Huyen de la luz solar y de las temperaturas diurnas. La fase de larva dura más de un año. Sin embargo, los adultos son efímeros. Apenas duran dos meses. El único que puede volar es el macho, mientras que las larvas y hembras pasan su vida sobre el terreno. La dispersión que presentan las larvas es baja. La hembra apenas se mueve de los alrededores donde se encuentre. Esto influye en que, aunque el macho pueda volar, las poblaciones sean generalmente sedentarias al no migrar ni larvas ni hembras.

¿Qué comen? Caracoles, caracolas, cabrillas, babosas... en sus distintas variedades, formas y tamaño constituyen su principal alimento, por lo que dependen de ellos. Son depredados únicamente por la larva, pues los adultos dedican su corta vida básicamente al cortejo y la reproducción.

Qué hacer para fomentarlos. Las condiciones ambientales del medio donde se desarrollan son un factor clave para su supervivencia. Las luciérnagas requieren de un ambiente húmedo para

▲
Las larvas de luciérnaga son las únicas que se alimentan. Suelen morder al caracol y quedar a la espera de que la saliva que le inyectan haga su efecto para empezar a alimentarse.

EFICACIA LUMÍNICA

Indudablemente, la capacidad de emitir luz de las luciérnagas es lo que nos ha fascinado desde siempre. No obstante, es algo que se repite en la Naturaleza con cierta frecuencia, sobre todo en especies marinas. Es la llamada bioluminiscencia. En el caso de las luciérnagas, son dos las sustancias clave: la luciferina y la luciferasa, que, junto a oxígeno y una molécula energética (ATP), producen la reacción lumínica. Esto que parece complejo ocurre en un instante y las luciérnagas son capaces de realizarlo a su antojo mediante sus órganos lumínicos. Lo sorprendente es que se trata de luz fría, una reacción de lo más eficiente en la que no se pierde energía en forma de calor; tiene una tonalidad verdosa e intensa, capaz de detectarse a varios metros de distancia. Se puede decir que las luciérnagas emiten luz en todos los estadios, incluido el de huevo –que puede emitirla tenuemente, sobre todo antes de eclosionar– y también la pupa. El órgano lumínico se localiza en la parte inferior y posterior del abdomen. En la larva son dos puntos opuestos en el octavo segmento abdominal. Emite luz cuando es molestada; una luz menos intensa que en los adultos. Esta capacidad en las larvas podría ser utilizada como método defensivo. En los adultos, los machos tienen también estos dos órganos opuestos, y con una intensidad lumínica mayor. La hembra tiene tres órganos lumínicos. El primero es similar al del macho, y en la misma posición, luego tiene dos más en forma alargada en los dos segmentos anteriores. Esto hace que su órgano sea el más llamativo. Algo lógico, ya que es quien atrae al macho desde un punto fijo sobre el terreno.

SU HIGIENE

Las larvas tienen un instrumento limpiador propio con el que se quitan restos de suciedad, comida o baba que tengan sobre el cuerpo. Se trata de un pequeño órgano retráctil situado en el extremo posterior, con numerosos tentáculos y con forma de fregona o plumero. Arquean el cuerpo y lo van pasando sobre ellas, retirando cualquier resto.

SUS CÓDIGOS

Cada especie tiene un código o patrón de pulsos lumínicos específico. Es como un código morse de luz. Esto hace que los machos sean capaces en la oscuridad de saber si la luz que ven en la distancia es la de una hembra de su misma especie. En las primeras horas de la noche las hembras se suben a una brizna de hierba, una rama o incluso una roca -normalmente a no más de medio metro del terreno-. Una vez en el lugar, curvan su abdomen hacia arriba y comienzan a emitir su luz. Los machos, que inician su vuelo sobre la misma hora, pueden localizarla de esta forma. Pequeños puntitos de luz verde centellean en el aire, para contestar tanto a la hembra como al resto de competidores. Esto dura varias horas, no toda la noche. En el caso de no tener éxito, todos se retiran hasta la noche siguiente. La hembra prácticamente no se mueve del sitio. Toda su energía la destina a atraer a un macho para poder poner huevos y perpetuar así la especie. Desgraciadamente, en el caso de estar cerca de poblaciones, las luces urbanas (farolas, carteles luminosos, viviendas...) les ciegan y su intensidad hace que acudan a ella, por lo que terminan muriendo sin lograr aparearse.

▲
Las larvas son voraces depredadoras de caracoles, pueden alimentarse varias de ellas de un solo ejemplar.

▼
Las larvas tienen un órgano en el extremo de su abdomen parecido a una fregona con el cual se limpian la baba de caracol de su cuerpo, además de ayudarle a aferrarse a la concha de estos.

desarrollarse correctamente, y de una temperatura no demasiado elevada. El microclima que ofrecen los refugios es clave, pues debido a ellos podemos encontrarlas en los pastizales y ambientes secos mediterráneos. La conservación de piedras, troncos y otros elementos sobre la superficie son necesarios, ya que bajo ellos encuentran refugio diurno tanto larvas de luciérnaga como gasterópodos varios. No deberían distanciarse más

▲
Ejemplar macho de luciérnaga balear (*Nyctophila heydeni*) en la que pueden apreciarse los grandes ojos que ocupan casi la totalidad de la cabeza y que son con los que localizan la luz de la hembra.

de 50 m, incluso menos si fuera posible; deben constituir un mosaico de oportunidades en la zona y siempre que levantemos alguno de estos elementos hemos de dejarlo exactamente en la misma posición.

La cubierta herbácea es otro elemento necesario porque mantiene humedad en los primeros centímetros, tanto por encima como por debajo de la superficie terrestre, y por la noche la concentra, incluso si está seca. No hace falta que sea muy tupida ni alta. No obstante, si fuera así, las larvas podrían pasar el día entre la vegetación. Por otro lado, la hembra busca una brizna de hierba para subir y comenzar con el rito de apareamiento, para que su luz sea más visible desde ahí. Además, es la cubierta herbácea la que favorece y enriquece la existencia de numerosas especies de caracoles y babosas.

Aparte de lo comentado, hemos de tener en cuenta su biología para tomar las medidas adecuadas en cuanto a su conservación se refiere. Es fácil de entender lo sensibles que son estos insectos a las alteraciones del medio. Alteraciones físicas como la roturación, la mecanización excesiva, la quema, los desmontes, además de la fragmentación de hábitats producida por una agricultura intensiva que no integra a la Naturaleza, o por la edificación desmedida y la construcción de vías de comunicación. Todo ello supone la desaparición de poblaciones de lugares a los que no volverán.

▲
Perfil de la crisopa adulta en la que destacan sus largas antenas.

3 Neurópteros
Orden Neuroptera

Los neurópteros son insectos de aspecto delicado y en ocasiones extraño; se han identificado en torno a 6.500 especies en todo el mundo. Los adultos se caracterizan por poseer dos pares de alas bien desarrolladas, muy nerviadas y frágiles; les proporcionan un vuelo torpe y aparatoso que se puede seguir perfectamente con la mirada cuando levantan delante de nosotros. Las larvas ejercen de depredadoras principales, con la particularidad de que sus mandíbulas no están hechas para masticar sino para succionar, formadas por dos piezas que se unen y dejan un espacio hueco entre ellas; al clavarlas en su presa, sorben sus jugos.

CRISOPAS VERDES
Familia Chrysopidae

Descripción. La crisopa verde que todos tenemos en mente, la *Chrysoperla carnea*, es realmente un complejo o grupo de especies. La diversidad y riqueza que tenemos es amplia, algo fácil de comprobar en huertas ecológicas con gran variedad de cultivos y plantas. El género Chrysoperla es el más conocido. Sin embargo, hay otros que son también frecuentes en nuestros agroecosistemas. Por ejemplo, los géneros Chrysopa, Nineta, Mallada o Suarius, lo que supone decenas de especies. Los adultos de los diferentes géneros

▲
Las crisopas pueden poner los huevos aislados o en grupo, como es este caso.

HUEVOS CON FILAMENTO

Si hay algo que caracteriza a las crisopas, es la forma de poner sus huevos. Estos son pequeños y alargados, de apenas 1 mm, y de color blanquecino-verdoso, oscureciéndose antes de eclosionar. Hasta aquí no tienen nada de particular. Sin embargo, no los coloca directamente sobre la superficie: la hembra segrega por el extremo del abdomen una sustancia que al contacto con el aire se endurece, lo que forma un hilo sólido de gran flexibilidad, y es al final de este filamento donde queda situado el huevo, que queda suspendido en el aire. Son varias las razones por las que puede tener ese comportamiento; una de ellas es que el huevo queda más aireado, además de estar algo más seguro frente a depredadores y parásitos. Otra razón poderosa es que, si la crisopa colocara todos los huevos juntos sobre la superficie, la primera larva que saliera se comería a las demás y esto no es difícil de imaginar dada la voracidad de estas pequeñas.

pueden diferir en ciertos detalles, como manchas oscuras dispuestas de una u otra forma en el cuerpo, en las alas o en su nerviación, y otros detalles morfológicos, con ciertos aspectos en común que nos indican que estamos ante una crisopa. Sus ojos son llamativos como dos perlas doradas engarzadas en la cabeza, brillantes e irisados, de forma semiesférica. Poseen largas y finas antenas, además de un cuerpo alargado de color verde claro que puede estar manchado de oscuro en función de la especie. Las alas son también muy características de esta familia. Poseen cuatro y son delicadas, muy nerviadas, lo que les da el aspecto de redecillas. Vistas con una lupa son aterciopeladas, pues salen cortos pelillos a lo largo de cada uno de los nervios. Esta delicadeza en sus instrumentos de vuelo hace que este sea delicado; aunque las veamos volar a varios metros de distancia, es fácil identificarlas por su ejecución sensible, temblona y de aspecto aparatoso. Los adultos suelen ser de 1,5 cm de longitud sin contar sus antenas.

Las larvas son alargadas y se van estrechando conforme se acerca el final de su abdomen. En su cabeza destacan unas características mandíbulas. Se trata de dos arcos curvos y alargados con los que engancha a su presa. La cabeza pueden girarla hacia todos los lados, lo cual aumenta su éxito a la hora de alimentarse. Sobre todo cuando son presas que están adheridas –como las larvas de mosca blanca–, ya que pueden utilizar las mandíbulas a modo de palanca para poder levantarlas y cogerlas mejor. Sus tres pares de patas, a pesar de parecer cortas, les proporcionan una muy buena movilidad y rapidez. Incluso se ayudan del extremo del abdomen para sus desplazamientos, como si fuera un bastón de apoyo.

▲
Larva de *Chrysoperla* sp. en la que destacan sus mandíbulas.

PELOS SENSITIVOS

Las larvas tienen repartidos por todo su cuerpo unos pelos sensitivos más o menos largos, en función de la especie. Hay algunas que los tienen especialmente largos y les dan un uso particular, como las del género Mallada o Suarius, que los utilizan como anclaje de diferentes materiales con los que cubren su cuerpo, pudiendo portar sobre ellas trocitos secos de diferentes partes de la planta -entre otros elementos que vaya encontrando- e incluso los restos de sus presas. Esto constituye un buen camuflaje ya que, ante los ojos de sus depredadores, pueden pasar inadvertidas o resultar no apetecibles.

La pupa queda en el interior de un capullo sedoso de forma esférica y color blanco, rígido al tacto y, aproximadamente, del tamaño de una lenteja.

No confundir con... No suelen confundirse.

Notas sobre su forma de vida. No sería aventurado afirmar que en cada árbol hay como mínimo un huevo de crisopa. Esto puede comprobarse con algunos que nunca fallan, como higueras (*Ficus carica*), olivos (*Olea europaea*), algarrobos (*Ceratonia siliqua*), naranjos (*Citrus* sp.), adelfas (*Nerium oleander*)... Las crisopas son insectos muy prolíficos y abundantes que por su voracidad requieren de alimentación constante. Si sobre el cultivo escasease la comida, se localizarían en las plantas de los alrededores, sobre todo en aquellas que concentren pulgones (plantas atrayentes o

Huevo aislado de crisopa.

trampa) como puedan ser esparragueras (*Asparagus* spp.), hinojos (*Foeniculum vulgare*), cardos silvestres (*Cynara* spp. y otros), granados (*Punica granatum*) o sauzgatillos (*Vitex* spp.). Incluso podemos observar sus puestas en cancelas, paredes y lámparas, entre otros elementos. En la urbe y sus jardines también las encontraremos con facilidad, bastará con mirar en los falsos plátanos de las grandes avenidas, en los naranjos de las calles... En definitiva, en cualquier mancha de vegetación por pequeña que sea. Incluso dentro del salón o en la lámpara de la entrada, pues acuden por la noche atraídas por la luz.

¿Qué comen? Las crisopas son depredadores generalistas y, aunque siempre se vinculan a los pulgones, sus presas son numerosas. El adulto se alimenta de sustancias azucaradas, de melaza y de algún que otro insecto como pequeños pulgones, por ello su papel como depredador no es tan relevante como el de las larvas, a las que podemos encontrar depredando sobre mosca blanca, cochinillas, huevos de mariposas y polillas, además de pequeños gusanos, trips, minadores...

Por su extenso catálogo alimenticio –de interés para la agricultura, jardinería y forestería–, su gran movilidad y actividad depredadora, su capacidad prolífica, su amplia distribución espacio-temporal y su resistencia, las crisopas son un insecto muy valorado como auxiliar.

Qué hacer para fomentarlos. La clave está en mantener una diversidad vegetal dentro y alrededor del cultivo, pues las crisopas son muy prolíficas y al nacer sus larvas necesitan alimento en abundancia. Cuando no encuentren en el cultivo cantidades suficientes, lo encontrarán en los alrededores, con lo cual se mantendrán cerca. Si aumentan las oportunidades alimenticias y de refugio, las hembras pondrán más huevos y la mayoría de las larvas podrán completar su ciclo.

HUEVOS EN RAMILLETE

No todas las especies y géneros ponen los huevos de igual forma. Podemos encontrar huevos aislados, como suelen ponerlos la mayoría de las especies entre las que se encuentran *Chrysoperla lucasina* o *Chrysoperla mediterranea*; y también formando grupos, como hace *Chrysopa formosa*. Incluso en forma de ramillete, a modo de grupo de globos atados, algo frecuente en los géneros Mallada, Suarius o Nineta. Esta última forma de poner huevos la podemos observar fácilmente en troncos de olivo, pinos y otros árboles.

▲
Las larvas tienen gran movilidad y se recorren la planta entera en busca de alimento.

▼
Típico capullo pupal de una crisopa: blanco, de forma esférica y consistente al tacto.

Como lugar de refugio no solamente son importantes las plantas arbóreas y arbustivas que podamos tener en el seto, sino también la vegetación herbácea silvestre sembrada, o la arvense conservada como cubierta, o en los corredores, o bien dejada tras recoger la cosecha. En ella encontrarán también alimento en forma de insectos o incluso néctar. En general, pueden encontrarse crisopas sobre cualquier planta. Sin embargo, son más atractivas para ellas las que cobijan más pulgones o mosca blanca. Por ejemplo, las hierbas pertenecientes a las familias de las compuestas, poligonáceas, amarantáceas y umbelíferas entre otras; también esparragueras, granados o adelfas. Esta vegetación les servirá de refugio durante el invierno y cuando se tenga que realizar algún tratamiento pues, a pesar de ser más resistentes que otros insectos, se ven afectadas, especialmente los huevos cuando el tratamiento es a base de aceites.

Por último, a quienes utilicen botellas con atrayente alimenticio (sea casero o no) como trampa para moscas de la fruta y olivo, quiero recordarles la importancia de que los agujeros sean de menos de 5 mm. De este modo las moscas objetivo seguirán cayendo, pero disminuirá el número de crisopas y otros auxiliares que habitualmente mueren en estas botellas, porque estos atrayentes no son selectivos. Estos pequeños detalles ayudarán a sobrevivir a un insecto al que deberíamos estar muy agradecidos, pues nos pide poco y nos da mucho.

CRISOPAS DE CERA

Familia Coniopterygidae

Descripción. Estos insectos auxiliares pertenecen a la familia Coniopterygidae y son los miembros más pequeños del orden Neuroptera, lo cual los convierte en parientes cercanos de las crisopas verdes –aunque no tienen tanta fama como ellas, de hecho son muy poco conocidas–. Quizás por su pequeño tamaño, pues no superan los 7 u 8 mm de longitud, o porque su aspecto no es tan llamativo. El cuerpo es similar al de las crisopas verdes, pero más compacto, no tan alargado. En su cabeza las antenas son poco más largas que la mitad del cuerpo y destacan los ojos rojizos y oscuros. En la boca tienen unos palpos sensoriales muy desarrollados que constantemente ponen en contacto con la hoja en la que se encuentren, lo que les da el aspecto de estar siempre con la cabeza gacha. Algo que también les caracteriza es su coloración blanca o blanco-grisácea, debida a un recubrimiento de naturaleza cérea que les da un aspecto pulverulento.

La cabeza de la larva es pequeña y en ella, en vez de las mandíbulas –que son inapreciables a la vista–, destacan dos antenas. Su coloración es blanquecina, con zonas anaranjadas o rojizas. Eso sí, siempre en tonos pálidos, tenues, casi traslúcidos, lo cual les da un aspecto fantasmal. La larva de *Semidalis aleyrodiformis* es similar a la de *Conwentzia psociformis,* diferenciándose en que son rechonchas en vez de alargadas.

No confundir con... Los adultos tienen un aspecto parecido al de las moscas blancas –insectos chupadores de la familia Aleyrodidae–, que suelen afectar a cítricos, frutales y hortalizas de verano como la berenjena o el tomate. De hecho, el nombre científico de la especie, *Semidalis aleyrodiformis* reconoce este parecido (*aleyrodiformis,* significa forma de aleuródido). Es muy fácil distinguirlas por el tamaño, ya que las crisopas de cera son tres o cuatro veces más grandes que las moscas blancas, tienen antenas visibles y claramente más largas y cuando están posadas pliegan las alas en los laterales de su cuerpo con mayor verticalidad que las moscas blancas, que las tienen plegadas contra el cuerpo pero hacia abajo.

Notas sobre su forma de vida. Estos pequeños depredadores no forman grupos y pasan desapercibidos tanto por su coloración como por su tamaño, pero la densidad de población en una finca puede llegar a ser alta. Se puede observar en las larvas que veamos ojeando las plantas, así como en los adultos que veremos volar si

▼
Adulto de crisopa de cera sobre una naranja.

CAMUFLAJE

Cuando la larva llega al final de su desarrollo, teje un capullo sedoso donde pasará el estado de pupa antes de convertirse en adulto. Lo teje con una seda blanca muy fina, que le da forma circular u ovoide, y llega a medir en torno a 1 cm de diámetro. Es muy plano, no se aprecia volumen y suele tener preferencia por el haz de la hoja, lo cual lo hace muy visible, aunque también los encontraremos en el envés. Es muy similar a los capullos que tejen algunas arañas para guardar los huevos. Este gran parecido nos confunde a nosotros y quizás también a sus depredadores, quienes prefieren no molestar a las arañas.

PULVERULENTA

La particularidad de su cubierta cérea y blanquecina, que le recubre todo el cuerpo cuando es adulta, ha servido para que mundialmente se la conozca con el nombre común de ala pulverulenta o crisopa de cera.

movemos las ramas –pues su vuelo no es rápido–, aunque debemos tener la vista acostumbrada. Cuando nos familiaricemos y los reconozcamos con facilidad en nuestro cultivo, no será difícil observar también sus puestas de huevos. Son como puntitos blancos y, vistos con una lupa –algo aconsejable siempre que salimos al campo–, tienen algo del polvillo que recubre a los adultos. Los veremos sobre las hojas y todavía es más fácil darnos cuenta de su presencia cuando estén colocados junto a sus presas. Si hay pulgón, habrá también alrededor huevos de sírfidos o de moscas de las flores distinguibles porque serán más alargados, pues miden un tercio más.

¿Qué comen? Tanto los adultos como las larvas de crisopa de cera son depredadores y más voraces las larvas. Se han especializado en alimentarse de ácaros, aunque no rechazan insectos pequeños de cuerpo blando como pulgones, además de cochinillas o piojillos. Siempre que no sean muy grandes y duros comen también los huevos de estos y otros insectos. Para complementar se

▼
La larva de crisopa de cera (*Conwentzia psociformis*) tiene un aspecto fantasmagórico.

alimentan del néctar que generan los frutales mediante los nectarios. Estos órganos no están situados en las flores sino en las hojas, concretamente en el foliolo, bien en el borde o bien en el nervio central y también en el peciolo.

Qué hacer para fomentarlos. Las crisopas de cera están vinculadas a los árboles y arbustos. Tanto larvas como adultos se encuentran, viven y desarrollan entre sus copas. Por lo tanto, ejercen su función en cultivos arbóreos como los cítricos, donde son abundantes, al igual que en frutales de hoja caduca como peral, manzano, avellano o arándano, por el que tienen especial afinidad. Aunque los adultos vuelen, siempre se localizarán en las copas, por lo que debemos ser escrupulosos a la hora de aplicar tratamientos, intentando siempre realizarlos de forma localizada. En invierno, parte de las crisopas de cera estarán en estado de crisálida en la corteza del tronco o de las ramas y otra parte entre la hojarasca. Por ello, y por otras razones que afectan a la fertilidad de la tierra, es interesante conservar la capa de hojas otoñales.

A la hora de diseñar o enriquecer un seto debemos tener en cuenta incluir también especies arbóreas y arbustivas que puedan acoger a las crisopas de cera. Entre las especies que más les gustan están las de hoja caduca, como el roble, el olmo, el majuelo, el arce, el tilo o el aliso.

▲ El capullo pupal de las crisopas de cera es aplanado, con una primera capa transparente y una segunda más opaca de color blanco.

◄ Las crisopas de cera no colocan el huevo sobre un pedúnculo como sus parientes las verdes. En estas fotos puede verse cómo lo hacen.

HORMIGAS LEÓN

Familia Myrmeleontidae

Descripción. Los adultos son bastante más grandes que sus parientes las crisopas. Destacan en la cabeza los ojos saltones, casi esféricos, de característico brillo metálico. Las antenas son cortas, rechonchas y terminan por curvarse ligeramente. El cuerpo es delgado y alargado, con coloraciones que van del marrón al gris. Según la especie, el abdomen puede superar la longitud de sus alas, sobre todo en el macho. Cuando están posadas mantienen plegadas sus alas a ambos lados del cuerpo. Es fácil dañar a estos insectos cuando los manipulamos, por lo que es mejor no hacerlo. La longitud media desde la cabeza al abdomen es de unos 3 cm.

La larva, que según la especie puede medir hasta un centímetro y medio, es inconfundible y muy característica. Tiene un cuerpo rechoncho y de coloración grisácea. Destaca claramente su cabeza, provista de unas desproporcionadas mandíbulas con las que captura a sus presas. Está cubierta de pequeños pelos sensoriales con los que –a través de las vibraciones de las partículas de arena–, percibe los movimientos a su alrededor, además de ofrecerle mayor agarre y anclaje.

No confundir con... *A priori* pueden confundirse con caballitos del diablo o libélulas, pero es fácil identificarlas cuando las conocemos. Aunque son varias las diferencias, rápidamente sabremos que se trata de la hormiga león por la presencia de antenas desarrolladas y claramente visibles. Además, cuando están posadas, ya hemos visto cómo colocan sus alas. No están abiertas hacia los lados como en las libélulas ni plegadas hacia arriba como hacen los caballitos del diablo.

▲ Larva de hormiga león, constructora de trampas de caída.

▼ A la izquierda las trampas cónicas de caída elaboradas por esta hormiga. Le siguen una secuencia de las tres fases de su sistema de caza:
1- el insecto cae en el embudo, resbala hacia abajo,
2- la hormiga león asoma abajo y no sólo espera sino que le echa arena para facilitar que caiga,
3- atrapa a su presa.

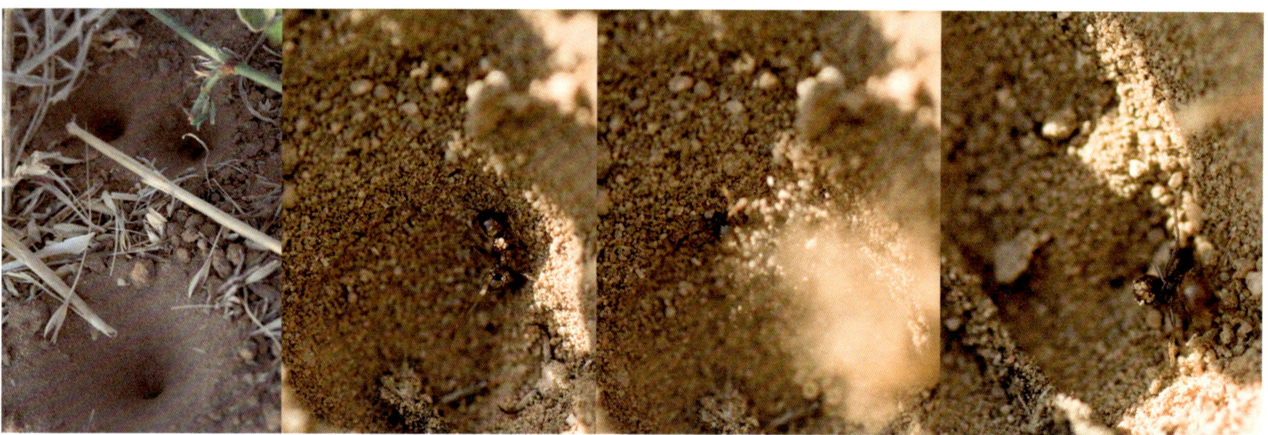

Notas sobre su forma de vida. Podemos ver algún adulto volando al anochecer, cuando están más activos. Los identificaremos por su característico vuelo débil y temblón. También los encontraremos junto a las bombillas, una luz hacia la que se sienten atraídas al igual que otros insectos, como bien saben las salamanquesas. No obstante, si hay presencia de hormigas león, es fácil que las veamos caminando por la finca a cualquier hora del día. Sobre todo si hay vegetación o cubierta vegetal, ya que estarán posadas en ella. Cuando pasemos a su lado levantarán el vuelo, pero hemos de estar atentos pues no levantarán más de un metro de altura y volverán a posarse un poco más

◂ Adulto en posición de reposo sobre el rastrojo de cereal.

SALIVA ANESTESIANTE

Si por algo es conocida la hormiga león, sin duda es por el método de caza de sus larvas. Las larvas dibujan una espiral en la tierra trazándola hacia el centro. Una vez allí comienzan a girar expulsando la arena hacia el exterior de esa espiral. Lo hacen con su cabeza, que pueden mover hacia arriba unos 90º, usándola a modo de pala o catapulta. De esta forma terminan por hacer un hoyo de forma cónica. La larva se situará semienterrada en el centro de ese embudo: sólo quedan visibles sus mandíbulas. Las paredes de esta sencilla trampa están en un equilibrio precario, esto significa que, si algún grano de arena se mueve, creará un pequeño alud que se dirige hacia el fondo del hoyo. El insecto que pase por el borde y caiga, por mucho que intente subir, tenderá a recaer hacia el centro y, cuanto más se mueva, más arena resbalará bajo sus patas. Cuando el incauto llegue en su caída al centro, las mandíbulas se cerrarán y la presa ya no tendrá escapatoria. Además, si no termina de caer y sigue intentando subir por las paredes, la hormiga león le lanzará arena para dificultar su huida y acelerar su caída. La presa es semienterrada y paralizada mediante una saliva anestesiante. Cuando terminan, lanzan los restos de la presa al exterior de su hoyo y reforman nuevamente su trampa. No todas las especies cazan de esta manera. Hay algunas que cazan mediante emboscadas: se esconden bajo las hojas, hierbas o piedrecillas esperando a que su víctima pase cerca, abordándola a su paso.

Esta larva no realiza trampa de caída, sino que se mueve por el terreno y se esconde entre los restos vegetales para cazar por emboscada.

allá. Esto lo repetirán según vamos siguiéndolas. Tienen tal resistencia que pueden pasar semanas, incluso meses, sin comer. Las larvas viven en la tierra y su desarrollo puede llegar a durar dos o tres años, según la especie.

¿Qué comen? Es cierto que las hormigas constituyen una de las principales presas de la larva de hormiga león. Esto se debe a que es uno de los insectos más abundantes sobre la superficie del terreno. Pequeños escarabajos, chinches, gusanos, larvas de todo tipo completan su dieta. En definitiva, cualquier insecto despistado con un tamaño adecuado (normalmente de no más de 1 cm) es presa potencial. Los adultos raramente se alimentan.

Qué hacer para fomentarlos. La mayor parte de su ciclo transcurre sobre el terreno, en zonas de textura arenosa. Por lo tanto, el manejo que hagamos de la tierra será fundamental. Medidas como la excesiva mecanización y otras que degraden física, química y biológicamente a la tierra, como la aplicación de herbicidas, desinfectantes, etc., harán que la hormiga león brille por su ausencia. A diferencia de las prácticas agroecológicas, que favorecen la actividad biológica del terreno y dejan a la tierra vivir y evolucionar. Para

Adulto posado con las delicadas alas desplegadas.

empezar, por el uso de cubiertas vegetales, o por la conservación de la maleza –donde les gusta refugiarse a los adultos durante el día–, o por el control de la cubierta mediante ganado de forma que se minimice la mecanización de la tierra. Asimismo, la riqueza en materia orgánica aumenta la disponibilidad de alimento para las larvas y tanto la conservación de arboledas y setos como los muros y piedras grandes donde se refugian en caso de altas precipitaciones son medidas que fomentarán la presencia de este auxiliar, incluso en fincas de hortícolas donde el movimiento de tierra y el tránsito es mayor que en las demás.

Ninfa de mantis palo (*Empusa pennata*) en la cubierta de un campo de naranjos.

4 Mántidos
Orden Mantodea

Las mantis son muy conocidas por todo el mundo. Quizás sea el insecto auxiliar con el aspecto más característico e inconfundible.

Se conocen cerca de 2.500 especies distribuidas por las zonas templadas y tropicales del planeta, ya que son amantes del sol y de la temperatura cálida. Las crías son muy parecidas a los adultos, pero en miniatura. La mayoría de las especies desarrollan alas cuando llegan al estado de adultos y pueden volar; en cambio otras se quedan con alas cortas, o sin ellas.

MANTIS
Familia Mantidae

Descripción. De cuerpo alargado, se caracterizan por poseer las patas delanteras adaptadas a apresar –bordeadas de pequeñas espinas para un mejor agarre–, inmovilizar y manejar a su presa. Su cabeza, normalmente triangular, posee dos ojos ubicados a ambos lados, tan desarrollados que ocupan gran parte de ella. Según le incida la luz se produce un efecto óptico por el que parece que poseen pupilas y que te siguen si te mueves, lo cual es irreal. Lo que sí pueden mover es la cabeza, en todas las direcciones. Las antenas son largas y finas. Poseen dos pares de alas, un primer par

CREENCIAS POPULARES

Hay creencias populares que no dejan de ser curiosas. Por ejemplo, a las ootecas se les llama "sinbúscalo" porque si las buscas no las encuentras y si no lo haces aparecen. Y se dice que si te guardas una de sus puestas en el bolsillo se te quita el dolor de muelas. También hay creencias negativas, como la de afirmar que las mantis son venenosas y mordisquean las plantas, y esto -además de ser falso- hace que muchas mueran a manos de aquellos que no conocen su verdadera identidad. No sólo no son venenosas, sino que lo más que pueden hacer es intentar intimidar adoptando posturas amenazantes, pero si les acercamos la mano de forma insistente terminan por ceder y montarse en ella.

▲
Hay especies de mantis, como la *Iris oratoria* que suelen poner las ootecas sobre piedras y troncos.

opacas y el segundo par membranosas y transparentes. Según las especies y el sexo pueden ser alas cortas e incluso no estar desarrolladas. Los juveniles son muy similares a los adultos.

Colocan los huevos cubiertos de una espuma que, al contacto con el aire, se endurece formando una estructura rígida, de consistencia parecida al corcho, que los envuelve y protege. Esta estructura recibe el nombre de ooteca.

▲
La mantis europea de mayor tamaño (*Sphodromantis viridis*) es frecuente en cultivos arbóreos como el olivar.

No confundir con... Inconfundibles.

Notas sobre su forma de vida. Las mantis son insectos anuales, con sólo una generación por año. Sus huevos eclosionan en primavera, cuando las temperaturas empiezan a suavizarse (excepto algunas especies como la *Empusa pennata,* que lo hace en otoño, pasando el invierno en forma juvenil). A finales de verano y otoño se aparean para realizar la puesta antes de morir con los primeros fríos.

Las crías salen por la parte superior de la ooteca, de manera que es fácil saber si se trata de una puesta vieja o nueva. Las ootecas tienen una banda superior bien diferenciada que va de un extremo a otro. Si está perfectamente sellada, es que todavía no han salido las crías. Cuando las ootecas de las especies *Sphodromantis viridis* o *Mantis religiosa* están vacías, puede observarse que su banda, formada por una serie de escamas, al pasar el dedo a lo largo tiene el tacto de una baraja de cartas. Si se trata de una puesta de *Iris oratoria* o de *Empusa pennata,* observaremos en esta banda dos filas paralelas de agujeros abiertos.

Aunque pueden volar, las mantis suelen volar poco, apenas para buscar pareja o un lugar mejor donde colocarse. Algunas se ven atraídas por la luz en los meses cálidos del año y vuelan hacia ella durante la noche.

¿Qué comen? Son totalmente depredadoras, desde que salen del huevo. Sus presas son principalmente insectos. Desde insectos de pequeño tamaño, como mosquitos, pequeñas cigarras y moscas, a otros de tamaño mediano y grande como escarabajos, saltamontes, polillas, mariposas, avispas, libélulas, etc.

OOTECAS DIFERENTES

La forma y el tamaño de las ootecas depende de la especie de mantis. Las de *Sphodromantis viridis* y *Mantis religiosa* son globosas o ligeramente alargadas. Suelen tener un tamaño que oscila entre 2 y 4 cm y pueden contener una media de 200 huevos. Las de *Iris oratoria* son alargadas y tienen forma de tejado a dos aguas. Pueden medir entre 1 y 2 cm y contener entre 20 y 50 huevos. Las de *Empusa pennata* son parecidas a la anterior, aunque más estrechas y con un pedúnculo final; y las de *Ameles* sp. son pequeñas, de menos de un centímetro y con forma de torta aplastada, con una media de 15 huevos. Ninguna segrega tanta espuma alrededor de los huevos como las dos primeras.

Qué hacer para fomentarlos. En principio, cualquier medida que fomente la heterogeneidad de la finca estimulará la presencia de mantis y favorecerá su permanencia, ya que multiplicaremos los lugares de alimentación, puesta y protección. Para favorecerlas les conservaremos e instalaremos zonas de vegetación adecuada. Por ejemplo, árboles, arbustos o plantas herbáceas que mantengan su estructura seca durante el invierno. Es más fácil y rápido evaluar su presencia a través de las ootecas que por la observación de los dispersos y camuflados adultos. Otro ejemplo, en los tarajes (*Tamarix* sp.) es muy habitual observar sus ootecas en las ramas cuando estas pierden las hojas.

◂ Las mantis son totalmente inofensivas pues no presentan veneno ni ningún otro riesgo para nosotros.

COLORES

El color de los adultos no tiene nada que ver con el sexo, sino con el medio en el que se han desarrollado. Es decir, que las verdes no tienen por qué ser hembras ni los marrones, machos. Otro mito: es cierto que la hembra puede comerse al macho durante el apareamiento, pero esto no siempre ocurre. De hecho, es extraño en algunas especies.

También vamos a encontrar mantis en el cultivo. Cuando estemos podando y veamos una puesta en la rama cortada, podemos cortar ese trozo y amarrarlo de nuevo al árbol. O también podemos recolectar ootecas del entorno y colgarlas de los árboles. Por ejemplo, utilizando un cono de malla de alambre sujeto al tronco o rama en cuyo interior depositaremos las ootecas. Cuando salgan las mantis, podrán salir por la malla y trepar al árbol. Por supuesto, será necesario conservar e incluso multiplicar cualquier elemento del entorno en el que veamos sus puestas.

▼
Típica ooteca de las mantis de mayor tamaño, como la *Mantis religiosa* y la *Sphodromantis viridis*.

▲
Actitud defensiva de la *Iris oratoria* en la que despliega sus preciosas alas coloreadas para intentar amedrentar a su posible agresor. Para nosotros son inofensivas; no tienen veneno ni peligro ninguno.

Este ejemplar de Orius está alimentándose de huevos de trip.

5 Chinches
Orden Hemiptera

Las chinches constituyen un grupo de insectos muy numeroso y diverso, adaptados a un amplio abanico de hábitats, con más de 40.000 especies conocidas, muchas de las cuales son depredadoras y tienen un papel importante en el control biológico de plagas. Se caracterizan por tener un aparato bucal chupador, en forma de estilete, y antenas acodadas claramente visibles. Las ninfas no pueden volar, pero sí lo hacen los adultos. Estos insectos suelen ser polífagos, lo que significa que se alimentan de diversos insectos, además de polen y de material vegetal para complementar su dieta.

ORIUS O CHINCHE DE LAS FLORES
Familia Anthocoridae

Descripción. Los antocóridos (Anthocoridae) son una familia de chinches, en su gran mayoría depredadoras, que mundialmente reciben el nombre de chinches piratas. Dentro de esta familia encontramos al género Orius, conocidas como chinches de las flores. Son numerosas las especies que nos rodean: *Orius laevigatus, O. majusculus, O. albidipennis, O. niger*... Por su aparente similitud es necesario disponer de una potente lupa y de conocimientos específicos sobre ellas para determinarlas como especie, pero solamente con saber un poco sobre ellas nos será fácil identificar en el campo una chinche de la flor perteneciente al género Orius. Son pequeñas, de aproximadamente 3 mm cuando son adultas; tienen forma lanceolada; su coloración es poco llamativa, siempre de color negro, marrón y gris (nada de rojo o verde). Los ojos son rojos, destacando más en las ninfas o en el estado juvenil por el contraste de color.

Las ninfas presentan un color naranja intenso que se va oscureciendo antes de pasar a adulto. Estas características, junto con la forma lanceolada de su cuerpo, hacen que una vez familiarizados con ellas las identifiquemos rápidamente en campo sin necesidad de lupa, ya que no hay ninguna parecida con ese tamaño y coloración.

No confundir con... Su tamaño no llega a superar los 3 mm y su patrón de coloración es común en todas las especies de Orius. Por lo tanto, si tienen colores rojizos no se trata de estos auxiliares.

Notas sobre su forma de vida. Las hembras insertan los huevos en el tejido vegetal, seleccionando los tallos verdes y tiernos. Estos huevos son alargados y con un opérculo en el extremo, como si fueran vasijas con tapa cerrada. De modo que el huevo, a excepción de la "tapa", que queda fuera, queda insertado en el tejido vegetal casi en su totalidad. En cuestión de días la ninfa abrirá el opérculo y saldrá al exterior directamente, sin que haya afectado a la planta, es decir, ni seca el tallo ni forma costras secas. Únicamente quedará un pequeño punto oscurecido que se observa fácilmente en tallos como los de las habas o judías.

Desde el primer momento las chinches de la flor se comportan como depredadoras. Como todas las chinches, en vez de boca poseen un estilete que estiran hacia adelante y lo clavan en la presa para succionar su interior. Su voracidad es tal, que matan más insectos de los que comen. También se alimentan del polen que el viento deposita en la superficie vegetal. En su recorrido, y sobre todo ante una escasez de presas, se dirigen a las flores, donde de una u otra forma el alimento no les va a faltar.

Como las generaciones se van sucediendo, podemos encontrar Orius durante todo el año. En invierno la actividad se detiene y quedan refugiadas entre las plantas o en flores invernales como las del romero. En el sur, con inviernos suaves, su actividad puede mantenerse latente o trabajar de forma efectiva en cultivos protegidos de invierno.

¿Qué comen? Ácaros, trips, larvas de mosca blanca, pulgones, huevos de diversos insectos e incluso pequeñas orugas forman parte de su dieta, que complementan con polen. Es por esto

▲ Las ninfas tienen un color naranja característico en el que destacan sus ojos rojos.

▲ Esta inflorescencia de mastranzo (*Mentha suaveolens*) está llena de ninfas anaranjadas de Orius.

◀ El polen es indispensable para el desarrollo y sobre todo la reproducción de las chinches de las flores u Orius.

ATRACTIVO POLEN

Hay una chinche de las flores que vive exclusivamente de polen, es decir, no es depredadora. Se trata de la *Orius pallidicornis*. Prácticamente no se le encuentra en otra planta que no sea el pepinillo del diablo (*Ecballium elaterium*), concretamente en sus flores. En ellas pueden encontrarse decenas de ejemplares, tanto adultos como juveniles, retozando entre las anteras repletas de polen. De hecho, si nunca has visto una Orius en el campo, para familiarizarte con su tamaño y aspecto es útil coger flores de esta planta y abrirlas. Con toda probabilidad darás con ellas.

que en el interior de numerosas flores podemos encontrar durante todo el año tanto a las ninfas como a los adultos. Gracias al polen pueden sobrevivir e incluso reproducirse en ausencia de presas.

Qué hacer para fomentarlos. La virtud que tiene la chinche de la flor es que puede alimentarse tanto de polen como de insectos; mientras haya floración en el cultivo o alrededores andará cerca. Cuando los cultivos están en flor, se refugiarán dentro de ellas y, conforme vayan aumentando en número, se irán distribuyendo por el resto de la planta. También pueden asociarse plantas cultivadas que producen mucho polen, como el maíz o el girasol, porque ayudarán a que se instalen en ellas o bien a que el viento (en el caso del maíz) disperse el polen por las plantas circundantes.

Por otro lado, hemos de tener en cuenta que necesitan tejidos verdes y frescos para realizar la puesta. Si el cultivo no los ofrece en el momento que nos interese es importante que haya plantas que sí los tengan, sobre todo en el caso de cultivos arbóreos. En estos casos asociaremos al cultivo plantas herbáceas como judías, aliso marítimo (*Lobularia maritima*), mastranzo (*Mentha suaveolens*) o pondremos una cubierta vegetal con plantas como habas, mostaza, alfalfa, etc. También las cubiertas y lindes de flora arvense son interesantes, ya que pueden aportar ortigas (*Urtica dioica*), amarantos (*Amaranthus* spp.), hierba de Santiago (*Senecio jacobaea*), manzanilla (*Anthemis* spp.), cardos (*Silybum marianum* y otros) y en todas ellas puedan encontrar flores y tejidos frescos.

Respecto a las plantas leñosas para setos, es interesante tener el sauzgatillo (*Vitex* sp.), el romero (*Rosmarinus officinalis*) o la lavanda (*Lavandula* sp.). Si las tenemos entre las especies de nuestro seto, no nos faltarán las chinches de la flor.

CHINCHES DAMISELA

Familia Nabidae

Descripción. Las chinches damisela tienen el cuerpo alargado y estrecho en comparación con otras especies de forma redondeada, y llegan a medir unos 7 mm de media cuando son adultos. Suelen tener colores apagados, hacia el gris y los marrones claros. Sus patas son largas y ágiles; las delanteras son más gruesas que el resto –una particularidad de estas chinches– y las utilizan para sostener o agarrar a su presa cuando se la están comiendo. Otro signo de identidad son sus ojos saltones y el pico o estilete con el cual se alimentan, siempre visible bajo su cabeza con forma curva, pues, a diferencia de otras familias, no pueden esconderlo pegándolo bajo su cuerpo. Sus antenas son largas y muy delgadas, sin presentar ningún engrosamiento en la base o extremo. La gran mayoría puede volar, lo que les da buena movilidad.

▲
Orius albidipennis alimentándose de trips y araña roja en una hoja de frambuesa.

No confundir con... Son muchas las chinches de colores y formas parecidas que nos podemos encontrar entre nuestras plantas. Bastará con observar y comparar las particularidades que tienen en exclusiva y que las hacen inconfundibles. Hay que fijarse bien en la cabeza y en las patas. Recuerda la descripción.

NO LES GUSTA EL TOMATE

A nivel mundial, las Orius han sido y son de los insectos auxiliares más utilizados en control biológico, por ejemplo, de trips en invernaderos y cultivos protegidos. Cualquier casa comercial de control biológico las tiene en sus catálogos de productos, con información sobre su instalación en el cultivo, idoneidad, dosis, etc. La capacidad de depredar tanto larvas como adultos de trips ha contribuido a su éxito, a diferencia de otros auxiliares como el ácaro *Amblyseius swirskii*, que sólo se alimenta de larvas, aunque también es muy utilizado. Sin embargo, hay que tener en cuenta que la chinche de la flor no se instala bien en todos los cultivos. Por ejemplo, no les gusta el tomate, por su pilosidad y sus secreciones, mientras que en cultivos como pimiento, judía y fresa, trabajan muy bien.

▲
Las chinches damisela pueden complementar su dieta con néctar, como muestra esta foto realizada sobre un aliso (*Lobularia maritima*).

▲
Chinche damisela (*Nabis pseudoferus*) sobre la hoja de un arándano donde se alimenta de pequeñas orugas. Puede observarse su estilete siempre visible.

Notas sobre su forma de vida. Son activas cazadoras desde que salen del huevo y vuelan muy bien cuando son adultas. Si tienen una presa a su alcance se abalanzan sobre ella clavándole el pico e inyectándole una saliva paralizante. Si la presa lo requiere, se sirven de las patas delanteras para sujetarla. El líquido inyectado a la presa ayuda a poder absorberle el interior.

¿Qué comen? El catálogo de insectos de los que se alimentan es muy amplio, con preferencia por aquellos que tienen el cuerpo blando. Pueden ser pulgones, moscas blancas, pequeñas cigarras, otras chinches, larvas, gusanos y un largo etcétera. Además, si dan con huevos de mariposas, polillas o escarabajos, no dejan ni uno. Se atreven con presas que les superan en tamaño varias veces e incluso se las puede observar cazando en grupo.

Qué hacer para fomentarlos. La vegetación existente entre el cultivo y en los alrededores, sobre todo la herbácea, es clave para la existencia de esta chinche. Es ahí donde crían, se refugian y encuentran alimento de forma constante cuando no lo hay en el cultivo. Al contrario que otros insectos beneficiosos, a estas chinches no les importa la floración, pero sí la presencia de vegetación, aunque sea seca. Si hablamos de cultivos hortícolas es necesaria la presencia de hierbas entre las hortalizas para que, a modo de corredores, ayuden a que se dispersen por el cultivo. De

PATAS ADAPTADAS

Las patas delanteras de las chinches damisela están adaptadas para apresar a sus presas, de modo parecido a la mantis, aunque no de forma tan extrema. Son igual de largas que las inmediatamente anteriores, algo que no suele ocurrir en las chinches herbívoras, que las tienen más cortas. Los fémures son más gruesos que los de las patas traseras, más musculosos y, junto con las pequeñas espinas que poseen, les dan la fuerza suficiente como para agarrar y retener a la presa cuando le dan caza.

lo contrario, disminuye mucho la presencia sobre las matas. Suelen abundar en cultivos de gran cobertura, como leguminosas (alfalfa, habas...) o cereales (avena, trigo...), pues favorecen la presencia de gran cantidad de pequeños y diversos artrópodos (pulgones, trips, cigarritas...). En viña o frutales es necesaria la cubierta vegetal, bien en toda la superficie o bien en calles alternas, para favorecer el incremento de la población de estos insectos beneficiosos. En los cultivos leñosos encontraremos muchos menos individuos, pues prefieren quedarse en las cubiertas.

Por su voracidad necesitan alimento de forma constante, y en invierno los adultos necesitan también un lugar donde refugiarse. Conservar la hierba y el pasto, además de mantener corredores vegetales durante todo el año, es importante para estabilizar en la zona la presencia de estas chinches auxiliares.

CHINCHE ASESINA

Familia Reduviidae

Descripción. Los redúvidos, o chinches asesinas, presentan un aspecto agresivo y desaliñado. El cuerpo suele ser ancho, sin perder la forma alargada, alcanzando 1,5 cm de longitud. Presentan colores oscuros, a veces con zonas rojas o amarillas. Suelen ser velludas, aunque esto no es muy perceptible a simple vista en la mayoría

▼ En zonas donde abundan, las lámparas se llenan de ejemplares por la noche, ya que acuden a la luz.

▼ La chinche damisela tiene los fémures de las patas delanteras más desarrollados y gruesos que los traseros para apresar a la presa mientras se la come.

A LA LUZ DE LAS LÁMPARAS

Es frecuente que, si abundan en la zona, las encontremos por la noche junto a la luz en grandes cantidades, porque como muchos otros insectos se sienten atraídas por ella. Pero no pierden el tiempo, una vez ahí se alimentan de los demás insectos que acuden. A veces es interesante analizar el contenido entomológico de las lámparas de cualquier lugar, podríamos sacar mucha información de los alrededores.

La especie *Rhynocoris erythropus* es frecuente en plantas con flor.

de los casos. Tienen los mismos rasgos característicos que las chinches damisela en cuanto a los ojos, patas delanteras y antenas. La cabeza en este caso es más alargada, termina en un característico estilete o pico corto y grueso mediante el cual se alimentan. Tampoco pueden esconderlo de forma recta bajo su cabeza o cuerpo, por lo tanto siempre está visible con su forma curva. En la parte superior de la cabeza, antes de llegar a la altura de los ojos, presentan unos ocelos (ojos de apoyo simples, muy frecuentes en los artrópodos) que pueden ser más grandes de lo normal, lo cual les da un aspecto grotesco si las miramos con lupa. Pueden volar perfectamente.

Los huevos de las chinches asesinas son muy llamativos. Los ponen en grupos, perfectamente ordenados. Parecen botellitas de vidrio marrón con tapón blanco. Es por este tapón por donde sale la pequeña ninfa de chinche. Por eso, si nos fijamos en si la botellita está abierta o no, sabremos si las pequeñas chinches ya han salido.

No confundir con... Hay algunas chinches de colores y formas parecidas a las que nos podemos encontrar entre nuestras plantas. Si las observamos y comparamos, las particularidades que tienen en exclusiva nos serán inconfundibles. Hay que fijarse en la cabeza y las patas. Ver descripción.

Notas sobre su forma de vida. Estas chinches suelen moverse entre la vegetación y sobre el terreno en busca de sus presas. Algunas especies se exponen más al quedarse sobre las flores a la espera de que acuda alguna mosca, mariposa o abeja para atraparla. Las robustas patas delanteras las utilizan para atrapar y agarrar a sus presas. Las hembras suelen ser longevas –en comparación con otros insectos– porque pueden vivir más de cuatro meses, durante los cuales ponen cientos de huevos sobre las hojas o en grietas de troncos.

¿Qué comen? Estas chinches poseen un potente estilete con el que son capaces de alimentarse de duros insectos que no pueden ser depredados por sus parientes las chinches damiselas. Además de alimentarse de insectos como orugas o moscas, son capaces de alimentarse de otras chinches, de escarabajos, abejas y de cualquier insecto que se ponga a su alcance, es por esta característica que se les clasifica como generalistas.

Hay especies de chinches asesinas que se camuflan muy bien entre la vegetación seca y los troncos

EL MAL DE CHAGAS

En Sudamérica existe una chinche asesina conocida como vinchuca (*Triatoma infestans*) que se alimenta de sangre (hematófaga), y puede transmitir al ser humano un parásito que causa el temido mal de Chagas. La enfermedad que acompañó a Charles Darwin durante los últimos años de su vida presentaba síntomas similares a los de esta enfermedad. En sus viajes por tierras argentinas y chilenas fue picado e incluso se dejó picar por estas chinches, como reflejó en sus cuadernos de campo. Todavía hoy se sigue especulando sobre la verdadera causa de la muerte de Darwin, aunque son muchos los que creen que fue causada por el mal de Chagas. En Europa no existe esta chinche.

SU SALIVA

La saliva de estas chinches es tóxica. Cuando pica a algún insecto, dicha saliva lo paraliza de forma casi inmediata. No sólo es paralizante, también ayuda a ablandar y licuar el interior para que la chinche sólo tenga que sorber con su pico.

ACLIMATACIÓN

Llegó a Europa como turista y terminó por quedarse. Eso es lo que les ha pasado a los redúvidos de la especie *Zelus renardii*. Otro ejemplo de cómo un organismo exótico se ha aclimatado –en este caso tras llegar del continente americano– y que ya forma parte de la fauna del medio agrario y urbano. Se trata de un depredador generalista en expansión, originario de Norteamérica y México, que por primera vez se citó bibliográficamente en España en 2012. Concretamente en Murcia, aunque hoy día está presente en todas las comunidades adyacentes.

▲
Típicos huevos de redúvido o chinche asesina. Tienen forma de botellitas con tapón.

Qué hacer para fomentarlos. Al igual que sucede con sus parientes, las chinches damisela, para fomentar la presencia de chinches asesinas la vegetación existente entre el cultivo y los alrededores es clave. Les favorece tanto la vegetación herbácea como la arbustiva o la arbórea, por lo que podemos encontrar tantos ejemplares como huevos en cualquiera de ellas. Son más resistentes y aguantan más tiempo sin alimentación

▲
Detalle de la cabeza en la que destaca el potente estilete con el cual se alimentan los redúvidos o chinches asesinas.

▲
Ninfa de *Zelus renardii* sobre un mandarino. Una especie que ha llegado recientemente a Europa desde el continente americano.

y –al contrario que otros insectos beneficiosos– a estas chinches no les importa la floración, sino la presencia de vegetación, aunque sea seca. Si hablamos de cultivos hortícolas es necesaria la presencia de hierbas entre las hortalizas para que, a modo de corredores, les ayude a dispersarse por el cultivo. Si no hay hierbas disminuirá mucho la presencia sobre las matas cultivadas. En cultivos de gran cobertura, como leguminosas (alfalfa, habas...) o cereales (avena, trigo...), suelen abundar, pues favorecen la presencia de gran cantidad de pequeños y diversos artrópodos (pulgones, trips, pequeñas cigarras...). En viña o frutales es necesaria la cubierta vegetal, bien en toda la superficie o bien en calles alternas, para favorecer el incremento de la población de estos insectos beneficiosos. En los cultivos leñosos, algunos redúvidos están muy presentes –además de en zonas forestales y bosques– y ayudan al control biológico natural de insectos defoliadores y otros.

CHINCHES VERDES CAZADORAS

Familia Miridae

Descripción. Se trata de pequeñas chinches alargadas que miden unos 4-5 mm de longitud. Se caracterizan por su coloración verde claro intenso y algunos detalles que se describen a continuación. Por su amplia distribución y presencia en los cultivos nos referiremos aquí a dos especies, la *Macrolophus caliginosus* y la *Nesidiocoris tenuis*. Hay algunos detalles que nos ayudarán a diferenciar ambas especies entre sí:

- Nesidiocoris tiene una línea negra entre la cabeza y el tórax, como si llevara un collar en el cuello, y las antenas son rayadas.

- Macrolophus no posee el "collar" sino una mancha oscura en la parte superior del abdomen, como un punto en medio de la espalda. Sus antenas no son rayadas y su base es negra.

Las ninfas son completamente verdes, de un verde claro intenso, con ojos rojos como los adultos y como prácticamente todas las otras especies.

▶
Esta *Nesidiocoris tenuis* de perfil muestra el estilete bajo su cabeza.

A VECES FITÓFAGOS

Tanto Nesidiocoris como Macrolophus se pueden comportar como insectos fitófagos. Esto significa que, cuando su población es alta y la densidad de presas baja, llegan a picar a las plantas para alimentarse. Por ese motivo se ha de tener especial cuidado en cultivos protegidos, o en invernaderos, donde pueden llegar a causar problemas. Por ejemplo, bajo las circunstancias comentadas, en el cultivo de tomate en invernadero, si su población es excesiva, puede dar problemas en floración e incluso se llega a tratar contra este auxiliar. Un recurso es no introducir a estas chinches en exceso y llegado el caso levantar las bandas laterales de aireación para permitir el flujo de individuos hacia fuera o hacia adentro según interese.

No confundir con... En el campo nos podemos encontrar con muchas chinches verdes, y muchas de ellas serán de la familia de los míridos. Algunas, como la chinche Dicyphus son parecidas y también son depredadoras. No obstante, por el tamaño, la coloración y los detalles anteriormente comentados nos ayudarán saber si estamos ante uno de estos auxiliares.

Notas sobre su forma de vida. Estas chinches tienen una buena capacidad de dispersión, pues son capaces de volar. Donde hay una, habrá más, pues se les suele encontrar en grupo sobre las plantas. Son muy prolíficas y desde primavera a otoño podemos observar a adultos y ninfas juntos. En el sur se mantienen activas durante todo el año, refugiadas en plantas acompañantes de los cultivos como la olivarda o la caléndula.

▼
Ejemplar de *Nesidiocoris tenuis* en una flor de sandía.

¿Qué comen? Se alimentan principalmente de insectos pequeños como moscas blancas, trips, pequeñas orugas y huevos, aunque también de ácaros, pulgones, etc. Sin embargo, en ausencia de presas es capaz de alimentarse de tejido vegetal.

Qué hacer para fomentarlos. A estas chinches, la olivarda (*Dittrichia viscosa*) les parece un lugar irresistible y son capaces de desarrollar todo su ciclo sobre ellas, alimentándose tanto de pequeños insectos que encuentran como del propio tejido vegetal, sin importar si la planta está en flor o no. Este es el motivo por el que su uso como planta reservorio en los cultivos protegidos se ha popularizado. Se están conservando de forma consciente en los alrededores de los invernaderos y cultivos al aire libre, al igual que la caléndula (*Calendula arvensis*), la melera (*Ononis natrix*) o el aliso marítimo (*Lobularia maritima*).

CONTROLAR LA TUTA

Estas chinches verdes son bien conocidas en el sector del cultivo protegido, donde se ha incrementado el control biológico mediante sueltas en los últimos años. Están disponibles comercialmente y se utilizan en cultivos como el tomate y la berenjena, donde por sus características trabajan mejor que otras chinches auxiliares como la Orius o chinche de las flores, más utilizada en pimiento. De hecho, si bien Macrolophus ha sido utilizada para controlar a la mosca blanca, en España está más extendido el uso de Nesidiocoris, que actualmente tienen mucho protagonismo ya que está utilizándose en el control biológico de *Tuta absoluta*.

SIN FALSOS OJOS

Las chinches tienen en la zona superior de la cabeza unos falsos ojos u ocelos, en algunos casos bastante pronunciados, como en las chinches asesinas. La familia de los míridos a la que pertenecen estas chinches verdes carece de ellos. Esto no se aprecia bien a simple vista, pero es curioso observar y comprobar con una lupa. En algún momento de la evolución los han perdido.

▼ Esta ninfa de *Nesidiocoris tenuis* busca trips además de polen en esta flor.

▶ Ejemplar de *Macrolophus caliginosus* cuya coloración verde se funde con la vegetación.

▲
Avispa alfarera del género Antepipona sobre un hinojo en flor. Ellas los frecuentan mucho en verano. Las avispas albañiles son amables e inofensivas.

6 Avispas

Orden Himenoptera

Las avispas están englobadas dentro del orden Hymenoptera junto con las abejas y hormigas, lo que supone en total unas 150.000 especies descritas hasta el momento. No obstante, como ocurre con los escarabajos, se trata de un orden muy diverso y distribuido prácticamente por todos los ecosistemas a nivel global, lo que lleva a los científicos a estimar que sólo conocemos en torno al 30% del total de las especies existentes. Centrándonos en los auxiliares que tratamos en este libro, veremos tres tipos de avispas con arte y oficio, es decir, las alfareras, las albañiles y las excavadoras.

La subfamilia Eumeninae o avispas albañiles y alfareras está englobada dentro de la familia Vespidae, que es la más numerosa con más de 3.500 especies descritas. Es curioso que dentro de la familia Vespidae estén también englobadas las avispas de papel junto con el avispón asiático, porque los eumeninos no son agresivos –no nos picarán– por lo que es segura su presencia en nuestra huerta o jardín.

La familia Sphecidae o avispas excavadoras cuenta con algo más de 700 especies conocidas y, al igual que las anteriores, no son agresivas y tienen hábitos solitarios. Como todas las avispas, tienen dos pares de alas. Sus ojos y antenas están bien desarrolladas y visibles. En este caso presentan un aguijón destinado a paralizar a sus presas. Sus larvas no poseen capacidad locomotora, por lo que se desarrollan en el interior del nido alimentándose de las provisiones disponibles en forma de insectos varios, como saltamontes, cigarritas, además de orugas y arañas.

AVISPA ALFARERA Y AVISPA ALBAÑIL

Subfamilia Eumeninae

Descripción. Estas avispas tienen un vuelo silencioso y son menos corpulentas que las avispas sociales papeleras que construyen panales. En comparación con estas su coloración suele tener mayor contenido de negro que de amarillo y su abdomen tiene forma de bombilla, más acusado en algunas especies que otras, como por ejemplo en *Eumenes* sp. Miden de un centímetro a centímetro y medio.

No confundir con... A veces podemos encontrar, sobre todo en las construcciones humanas, nidos de barro que suelen medir más que una pelota de ping-pong. Se trata de la obra de una *Sceliphron* sp. de la familia Sphecidae. Es una avispa grande, de unos dos centímetros y medio, delgada y alargada, de color negro y amarillo. Esta avispa abastece su nido con arañas, lo que podemos comprobar si abrimos uno. Hay otras avispas de esta familia que realizan sus nidos más pequeños, del mismo tamaño que los Eumeninae pero alargados y también rellenos de arañas.

Existe una familia de abejas llamada Megachilidae que abarca numerosos géneros y especies y que anida en huecos al igual que hacen las avispas albañiles. Son previsoras y llenan los nidos donde ponen sus huevos con sustancias vegetales, como néctar, polen y hojas, de manera que cuando nazcan las larvas esa será su despensa.

Notas sobre su forma de vida. Las avispas alfareras y avispas albañiles tienen costumbres solitarias. Esto quiere decir que no forman enjambres ni panales organizados como las avispas sociales. Cuando una de estas avispas finaliza su nido, continúa con su vida y se desentiende de él. Al no tener una sociedad que defender ni funciones de guardián no son agresivas y no pican, a menos que las obliguemos o las pongamos en peligro.

Las alfareras realizan sus nidos únicamente con barro, como los Eumenes (uno de los géneros más frecuentes). Forman pequeñas ánforas cuya boca se estrecha y prolonga ligeramente, como un pequeño embudo. Tienen el tamaño aproximado de una moneda de diez céntimos. Normalmente, una vez hecho el nido, suelen buscar otro lugar para construir el próximo, aunque podemos encontrar varias anforitas juntas, hechas por la misma avispa y nunca formando un panal o enjambre.

▲ Interior de nido de avispa albañil (*Rhynchium oculatum*) donde se aprecia, de izquierda a derecha: el tabique de barro, las orugas cazadas y la larva de la avispa, algo más clara y rechoncha.

Las avispas albañiles, como las pertenecientes al género Ancistrocerus o al Symmorphus, utilizan para nido cavidades longitudinales ya

NIDOS RELLENOS

Estas avispas cazan orugas no peludas. La razón se debe a que han de optimizar el espacio del pequeño nido, metiendo la mayor cantidad de gusanos posible para que no le falte alimento a su descendencia. Si cazara orugas cubiertas de pelos, estos ocuparían gran parte del espacio. Es lo mismo que si tenemos un tarro para guardar almendras y las metemos sin quitar la cáscara. Tendremos menos almendras dentro del tarro que si las guardamos peladas.

ALIMENTO VIVO

Cuando capturan a una oruga, no la matan. Le pican y le suministran el veneno suficiente como para anestesiarla de forma permanente. Es como inducirla en un estado de coma profundo. De esta forma el alimento del que dispone la larva de la avispa dentro del nido estará fresco durante todo su desarrollo, con todo su valor nutritivo y sin pudriciones.

hechas, como cañas huecas o agujeros de taladro, para crear varias cámaras independientes, separadas unas de otras con tabiques de barro, de ahí su nombre.

¿Qué comen? Todos los adultos se alimentan de néctar y polen, frecuentando las flores de la zona por muy pequeñas que estas sean. Asimismo, cazan orugas de polillas y mariposas que almacenan en los nidos para alimentar a sus crías. Algunas avispas albañiles cazan incluso larvas de pequeños escarabajos.

Qué hacer para fomentarlos. Es necesario conservar zonas con vegetación rica en floración porque los adultos se alimentan de néctar y polen. Tienen debilidad por las umbelíferas en flor. Podemos encontrar nidos de alfareras en el tronco de un árbol, en sus ramas, en las hojas si estas son consistentes, y en la hierba, sobre todo en la seca. Sin embargo, tienen mayor preferencia por piedras, muros, paredes, etc., por lo que es más fácil encontrarlos en estos lugares que en las plantas. Queda claro que la conservación de estos elementos y construcciones del entorno les favorecerá.

En el caso de las avispas albañiles, como *Ancistrocerus* sp. y *Symmorphus* sp., para realizar sus nidos buscan tallos huecos y secos, viejas galerías de escarabajos en la madera, cañas utilizadas como tutor, incluso agujeros de taladro en paredes.

De forma sencilla y económica podemos aumentar los lugares idóneos para que realicen sus nidos allí donde nos interese. Por ejemplo, cogemos un puñado de cañas huecas o reciclamos tubos de cualquier material de unos 15 o 20 centímetros de longitud y con un diámetro del hueco de entre 4 y 8 milímetros. Las atamos con un alambre o una cuerda y ya están listas para colgar donde queramos. En las ramas de los árboles frutales, en el encañado, incluso bajo el

▲
La avispa albañil *Rhynchium oculatum* junto con la alfarera *Delta ungulatum* son de los pocos eumeninos que tienen coloración rojiza y gran tamaño. Pero son solitarias e inofensivas y llenan el nido de orugas.

◄
Pequeño nido ánfora de barro construído en el tallo de una hierba, en el que se aprecia el embudo por donde introduce las orugas.

Avispa alfarera (*Eumenes mediterraneus*) sobre flor de unciana (*Dorycnium rectum*).

alfeizar de la ventana si vivimos junto al huerto o jardín... También podemos coger una lata, quitarle el fondo y rellenarla con las cañas; hay muchas posibilidades.

Una segunda opción consiste en taladrar tacos o bloques de madera. En este caso profundizaremos con el taladro como mínimo 15 cm de longitud, con brocas que vayan del 4 al 8 –al igual que el hueco de las cañas– y luego podemos colgar estos tacos o bloques de madera donde queramos; o si tenemos por ahí un tronco podemos ponerlo de pie, taladrarlo y ponerle un plato al revés encima para que no se empape de agua con la lluvia. También hay muchas posibilidades.

Según las especies que frecuenten nuestra zona preferirán un diámetro de agujero u otro. Es cuestión de observar y con el tiempo aumentar aquellos que funcionen mejor. Puede ocurrir que veamos muchos agujeros ocupados sin que pertenezcan, al menos la mayoría, a Eumeninae y que sean abejas silvestres de la familia Megachilidae. Bueno, pues también nos alegraremos ya que son inofensivas, unas excelentes polinizadoras y mejorarán sin duda el entorno.

AVISPA EXCAVADORA

Familia Sphecidae

Descripción. Esta familia de avispas es muy extensa y variada en cuanto a formas, colores y tamaños. No obstante, como familia que son, tienen cosas en común. Tienen rasgos comunes que las caracterizan como excavadoras. Las cabezas son anchas y robustas, con grandes ojos. Las patas son alargadas y fuertes con una serie de espinas a modo de peine para sujetar bien a sus presas y especialmente adaptadas para la excavación en las delanteras. Las más frecuentes presentan una coloración negra y roja (o anaranjada).

No confundir con... Los Pompílidos son una familia de avispas cazadoras de arañas que se parecen mucho. Una diferencia es que las antenas de las avispas excavadoras, cazadoras de orugas (Sphecidae), suelen medir de dos a dos veces y media la anchura de su cabeza mientras que las cabezas de las cazadoras de arañas (Pompilidae) miden más. De todos modos, será la observación de su comportamiento lo que nos sacará de dudas.

Notas sobre su forma de vida. Son avispas solitarias, no viven en sociedad y no realizan nidos comunales o panales. Tienen una vida independiente y como no tienen necesidad de defender una comunidad tampoco son agresivas. No nos picarán a menos que las pongamos en peligro.

¿Qué comen? Los adultos se alimentan de néctar y polen, por lo que cumplen la función de polinizadores. Sin embargo, cazan insectos para alimentar a sus crías. Según qué especies, las

Avispa excavadora del género Ammophila en acción.

COMPACTA LA TIERRA

Como avispas excavadoras que son, utilizan "la apisonadora", o más bien "hacen de apisonadora". Algunas, como la Ammophila, una vez realizado el nido y abastecido de provisiones para su futura descendencia, introduce gravilla en la boca del túnel. Una vez queda tapado, con sus mandíbulas clavadas en la superficie, o bien con una piedrecilla entre las mandíbulas, comienza a ejercitar sus músculos torácicos sin apenas mover las alas, produciendo un zumbido que podremos apreciar si estamos cerca. Esto hace que vibre todo el cuerpo y, como la cabeza está pegada a la tierra, transmita esas vibraciones a la tierra y a la arenilla, de manera que al vibrar se van recolocando, va disminuyendo el espacio entre las partículas y van quedando más apretadas. Hasta que la boca del nido queda bien apisonada y perfectamente sellada. ¡Y todavía hay quien cree que nosotros lo hemos inventado todo!

presas son variadas. Los gusanos de mariposas y polillas son el plato predilecto de los géneros Ammophila y de la familia Podalonia. Suelen cazar los de buena talla y sin vello o con muy pocos pelos. Sus preferidas son las orugas de los geómetras y noctuidos, familias de polillas entre las que se encuentran fitófagos frecuentes de las hortalizas y frutales (rosquillas, medidores, gusanos grises...). Saltamontes y grillos son el alimento que cazan las Sphex, Prionyx y Tachysphex, entre otras. Pueden llegar a cazarlos bastante grandes en comparación con su cuerpo, sobre todo Sphex. También las hay que cazan chinches escudo (familia Pentatomidae), como la *Astata boops*. Si seguimos profundizando en esta familia nos encontraremos especies que alimentan a sus crías con moscas, pequeños cicadélidos o cigarritas e incluso gorgojillos enanos.

Qué hacer para fomentarlos. La hierba de Santiago (*Senecio jacobaea*), la altabaca (*Dittrichia viscosa*), el hinojo (*Foeniculum vulgare*), la zanahoria silvestre (*Daucus carota*), las lechetreznas (*Euphorbia* spp.) y el mastranzo (*Mentha suaveolens*), entre otras, son plantas en las que puede verse con frecuencia a los adultos alimentándose sobre sus inflorescencias. Su conservación o instalación es útil para favorecer la presencia de estos insectos en la zona. Si tenemos un lugar donde el terreno sea el adecuado y aniden con frecuencia, o si queremos facilitarles alguno, debemos evitar que la vegetación se haga espesa y coja altura en esta zona. Si planteamos diseñar un seto para esta zona, utilicemos especies bajas y situémoslas a los lados sin cerrar todo el perímetro. Los taludes y las paredes verticales terrosas son también un lugar adecuado de cría. Por este motivo también se deberían conservar al menos en parte, sobre todo si están muy débiles frente a la erosión y vamos a tomar medidas para evitarla como es tapizar con fibra vegetal para favorecer la instalación de vegetación. Podemos dejar algunas zonas desnudas colocando en la parte superior un material adecuado. Por ejemplo, planchas onduladas desechadas o de piedra pizarra que sobresalgan y con algún palo de sujeción si hiciera falta.

Las orugas desnudas, no pilosas, son el objetivo de las avispas excavadoras cazadoras.

▼
Avispa excavadora en la entrada de su nido excavado bajo el pasto.

TRANCE

Algunas de ellas tienen una extraña costumbre. A veces podemos ver ejemplares pertenecientes a los géneros Prionyx y Ammophila sujetos con sus mandíbulas a una brizna de hierba seca, normalmente boca abajo. Es una especie de postura de descanso, de sueño o de aletargamiento que las deja casi en trance, pues podemos tocarlas y coger la ramita donde estén sin que se inmuten.

Enterraremos la parte en contacto con la tierra con piedras e instalaremos o favoreceremos que crezca la vegetación ahí. Si hemos agujereado antes el material que coloquemos, favoreceremos que las raíces pasen a través de estos agujeros y quede todo más fuerte. Así resguardaremos más esta zona.

En el caso de que existan a nuestro alrededor pero en nuestra huerta o jardín no se den las condiciones adecuadas, podemos crear una zona atractiva con la que propiciar su presencia. Reservaremos un lugar lo más soleado posible y despejaremos la superficie. A continuación, marcaremos en la tierra un rectángulo, un óvalo o la forma que queramos que tenga finalmente esta zona. El perímetro lo cerraremos a modo de muralla con cualquier material adecuado que tengamos a nuestro alcance (maderas, piedras, ladrillos, etc.) que resista a la intemperie el paso del tiempo. Una vez cerrado, rellenamos el interior con tierra suelta que sea arenosa, porque es la más atractiva para estos aliados. La muralla debe quedar bien sellada pues, de lo contrario, al llover se filtrará la tierra. Si la muralla es muy baja, excavaremos el interior antes de aportar la tierra, porque esta debe quedar entre 40 y 50 cm más baja que la muralla aproximadamente. Luego pondremos alrededor algunas plantas cuyas floraciones sean atractivas y complementarias y vigilaremos que el interior no se sature de hierba.

▼
Avispa excavadora *(Ammophila sabulosa)* sobre mastranzo en flor, el cual las atrae con frecuencia.

▲
Hembra de la especie *Sphaerophoria scripta* alimentándose del necesario polen.

7 Moscas
Orden Diptera

Los dípteros engloban a las moscas y mosquitos. Se considera el segundo grupo de seres vivos más diverso después de los escarabajos, con algo más de 160.000 especies conocidas, estimándose que hay muchas más por descubrir. Han tenido gran éxito adaptativo, lo que ha hecho que prácticamente en cualquier lugar del planeta -salvo en mar abierto- haya alguna especie adaptada.

Tienen solamente un par de alas, su boca es chupadora y carecen de aguijón. Además, no poseen las antenas tan desarrolladas como los himenópteros y en algunos casos se distinguen a simple vista dos pequeñas mazas.

Las larvas de los dípteros carecen de ojos. Las patas y cabeza no están diferenciadas del resto del cuerpo. La parte donde se sitúa la boca es más estrecha y adquiere forma puntiaguda cuando se mueve.

SÍRFIDOS O MOSCAS DE LAS FLORES
Familia Syrphidae

Descripción. Los sírfidos son una familia de moscas cuyos adultos tienen una coloración particular, con franjas o manchas amarillas, anaranjadas o blancas. Esto les da un aspecto parecido a avispas y abejas, lo que puede llevar a confusión a ojos inexpertos. En la familia hay especies que no se alimentan de insectos sobre las plantas, como por ejemplo las *Eristalis tenax*, cuyas larvas se desarrollan en aguas estancadas. Las especies que abundan en nuestra huerta o jardín son *Episyrphus balteatus*, *Sphaerophoria* sp., *Eupeodes corollae*, *Scaeva pyrastri* y *Syrphus* spp. Son estas últimas las especies cuyas larvas son depredadoras de insectos sobre plantas. No obstante, todos los adultos -sean de la especie que sean- son excelentes polinizadores.

La larva es una mezcla entre pequeña babosa y gusano de entre 4 y 12 mm, según la especie. Su pequeña boca está formada por una especie de ganchos oscuros con los que enganchan a su presa. Su color le proporciona camuflaje ya que suelen tener colores parecidos, tanto a la planta sobre la que están como a la presa de la que se alimentan.

DETENERSE EN EL AIRE

Hoverfly es su nombre en inglés, y viene a significar "mosca que flota o se suspende en el aire". En castellano también se le da el nombre de mosca cernícalo, dado que posee dicha capacidad en el vuelo. Puede decirse que los sírfidos tienen uno de los vuelos más perfectos que existen en el reino animal. Además de quedar suspendidos en el mismo punto, sin apenas moverse, pueden volar hacia absolutamente todas las direcciones -sin excluir la marcha atrás- con gran suavidad y precisión.

▲
Larva de sírfido alimentándose de pulgón.
En la zona más estrecha tiene la boca.

La pupa es fácilmente identificable pues tiene forma de lágrima. Puede encontrarse en cualquier parte de la planta y su coloración va del verde al marrón pasando por el gris.

No confundir con... Estas moscas tienen apariencia engañosa. A simple vista parecen abejas o avispas, pero estas últimas tienen cuatro alas, boca masticadora (mandíbulas), antenas bien desarrolladas y delgadas, además de poseer aguijón, mientras que los sírfidos no cumplen ninguna de estas características.

Notas sobre su forma de vida. La vida de los sírfidos está ligada a las flores, pues necesitan sus energéticos productos para el vuelo y reproducción. Si las abejas son las reinas de la polinización, los sírfidos son los reyes, jugando un papel muy importante en la fecundación de las flores.

Su actividad está muy influenciada por las condiciones climatológicas, sobre todo por la temperatura. Las temperaturas frías les aletargan, por lo que puedes cogerlos con los dedos en días fríos sin que levanten el vuelo. Las hembras adultas colocan los huevos junto a sus presas o

CÓDIGOS DE COLOR

En la Naturaleza existen códigos que significan peligro por picadura, veneno, mal sabor... Por ejemplo, la combinación de los colores rojo y negro o amarillo y negro es utilizada por numerosos organismos para avisar de un riesgo a quienes se acerquen o intenten comérselos (nosotros también lo hemos adquirido para señalizar peligro). Un ejemplo claro son las avispas sociales o papeleras; y también los sírfidos pues han evolucionado hacia el mimetismo con estas avispas y con otros himenópteros, como las abejas, que tienen la capacidad de picar. Las moscas de las flores se aprovechan de este disfraz, y si un pájaro ha tenido una mala experiencia con alguna avispa o abeja, disminuirá la probabilidad de que ataque a un sírfido.

IMITAR OLORES

No sólo los adultos son maestros en el arte del disfraz. También lo hacen las larvas de algunas especies, pero de una forma más sutil: mediante el olor. Hay hormigas que cuidan y protegen a los pulgones a cambio de llevarse la melaza que producen. Son como los pastores y su rebaño, pero en este caso los lobos han evolucionado de una manera inesperada: se han disfrazado químicamente. Las larvas de sírfido segregan una sustancia olorosa que provoca en las hormigas una reacción de aceptación absoluta. Luego no sólo se alimentarán de los pulgones, incluso gozarán de la misma protección y aceptación de su presencia por parte de las hormigas.

cerca de ellas. En cuanto el huevo eclosiona, la larva comienza a buscar comida de forma activa.

¿Qué comen? El polen constituye el alimento principal y fundamental de los adultos, aunque también aprovechan otros complementos como el néctar y la melaza de los insectos chupadores o la savia que rezuman algunos árboles. Las larvas son las depredadoras. Su principal presa son los pulgones, aunque también hay especies a las que puedes ver alimentándose de otros pequeños insectos como las moscas blancas.

Qué hacer para fomentarlos. El polen y el néctar son la base de la alimentación de los sírfidos, todo lo demás es complementario. Por eso la presencia de polen y néctar es fundamental para que puedan reproducirse adecuadamente y dar lugar a las larvas depredadoras. Las flores que prefieren son

▶ Huevos de sírfido de color blanco, colocados siempre cerca de sus presas.

◂
La mayoría de las pupas de sírfido tienen la característica forma de lágrima.

▾
Sírfido adulto (*Eupeodes corollae*) sobre arándanos.

las abiertas, en las que los estambres y nectarios son de fácil alcance. Curiosamente, tienen especial predilección por las flores de color blanco o amarillo. Si nos fijamos nos daremos cuenta de que familias como las crucíferas (jaramago, mostaza...), umbelíferas (zanahoria silvestre, biznaga...), compuestas (margaritas, milenrama...), rosáceas (rosal silvestre, majuelo...), cuando están en flor son muy visitadas por los sírfidos. Pero estas plantas herbáceas son tan efectivas como otras arbustivas y leñosas. Especies arbustivas como el mirto, el labiérnago o el durillo y arbóreas como el arce de Montpelier, el algarrobo o el naranjo son frecuentemente visitadas por estas moscas cuando están en floración. Además, los arbustos y árboles les ofrecen el necesario refugio durante los días fríos, ventosos o lluviosos.

No hace falta que toda la finca esté llena de flores, los adultos tienen buena movilidad. Lo esencial y necesario es que reservemos zonas donde la floración de la vegetación existente sea escalonada y se vaya sucediendo junto a la floración del cultivo a lo largo del año. Pueden ser manchas o corredores vegetales en las lindes, entre subparcelas, en zonas no productivas, o intercaladas con el cultivo, bordeando los caminos, como cubierta vegetal...

MOSCA TIGRE

Familia Muscidae

Descripción. Esta mosca auxiliar a la que se denomina comúnmente mosca tigre forma parte de la familia Muscidae, la misma que la mosca doméstica, pero del género Coenosia. Se trata de una pequeña mosca cuyo adulto mide entre 3 y 4 milímetros, de color azul-grisáceo y abdomen algo rechoncho. El macho es ligeramente más pequeño que la hembra y con las patas amarillentas.

Las larvas de Coenosia son blanquecinas, muy pequeñas y muy difíciles de observar, porque viven sobre la tierra, por lo que su presencia inmediata solamente se detecta en la fase adulta.

No confundir con... Se trata de una mosca de menor tamaño y diferente coloración que la doméstica. Es parecida a la mosquita plateada, aunque algo más grande. No es llamativa ni por colores, ni por pilosidad, y sin embargo, cuando te familiarizas con ella la ves con facilidad y su comportamiento te saca de dudas.

COMER EN LA MANO

Si hay algo que caracteriza a esta mosca es su sociabilidad. Cuando le acercamos el dedo frontalmente, lejos de levantar el vuelo, tolera que se lo pongas delante de las mismas narices, hasta el punto de que se sube a él. Incluso si, una vez subida, movemos la mano de forma suave, ella ni se inmuta y, si pasa en ese momento alguna presa cerca, la captura y vuelve para comérsela a donde estaba, sobre nuestro dedo. Esto hace que muchos agricultores y técnicos presuman, ante quienes visitan sus cultivos, de que las tienen amaestradas, realizando la demostración e incluso invitando a que la hagan los incrédulos, que terminan sorprendidos.

▲
Mosca tigre alimentándose de un mosquito verde sobre la hoja de una mora.

▼
Una mosca tigre hembra realiza la puesta de huevos sobre el compost de la huerta.

INOFENSIVAS

El aparato bucal de las moscas comunes es como una trompa chupadora terminada en una almohadilla con la que absorben el alimento. La pequeña mosca tigre también lo tiene así. Entonces, ¿cómo es que se alimenta de insectos vivos?, ¿cómo logra reducirlos cuando los captura? Si por un momento pudiéramos observarla cara a cara, veríamos cómo en el extremo del aparato bucal tiene una especie de diente o daga curva con la que atraviesa el exoesqueleto de sus presas. A continuación suministra una dosis de saliva paralizante que surte efecto de manera inmediata. Un rostro perfectamente adaptado a su actividad depredadora, pero que resulta totalmente ineficaz para ocasionar daño alguno al ser humano.

Notas sobre su forma de vida. Estas moscas necesitan acción para alimentarse. Y se alimentan de insectos que deben estar en movimiento, porque no se lanzan sobre ellos cuando están en reposo o caminando sobre la planta. Cazan siempre en el aire, cuando su presa está volando.

La mosca tigre suele estar posada sobre la vegetación o sobre algún elemento del entorno (palos, cuerdas, goteros, alambres...), en un lugar

Mosca tigre (*Coenosia attenuata*) comiéndose un mosquito bajo la hoja de un olivo.

expuesto, con buena visibilidad del entorno. Cuando una presa pasa cerca, levanta el vuelo y la captura, volviendo al lugar donde estaba o alrededores. A veces vuelve sin nada, ya que los vuelos son cortos, de un solo intento y sin persecución.

La hembra pone los minúsculos huevos en la tierra, pudiendo poner varios centenares durante su vida. Para que las larvas se desarrollen plenamente, el lugar de puesta debe tener dos características principales: un alto contenido en materia orgánica y humedad para evitar la deshidratación. Es también depredadora y se alimenta especialmente de las larvas de otros dípteros –moscas esciáridas– o de las raíces, como es el caso de las Sciaridae. No obstante, en ausencia de las citadas moscas se alimenta de otras larvas y de pequeñas lombrices que encuentre. Al igual que los adultos paralizan a sus presas inyectándoles saliva en los primeros mordiscos. Cuando se termina la fase larvaria forman una pequeña pupa en forma de barril. El adulto, una vez sale de la pupa, abandona la tierra.

¿Qué comen? Su alimento consiste en insectos voladores cuyo tamaño no las supere, aunque puedes observarlas cazar piezas casi igual de grandes que ellas. Destacan homópteros como moscas blancas y mosquitos verdes, además de otros dípteros como moscas de las raíces (Sciaridae), minadores (Agromyzidae) y moscas del vinagre (Drosophilidae).

Qué hacer para fomentarlos. Ya sabemos que para el desarrollo de las larvas de la mosca tigre la humedad es importante, por lo que son más abundantes en cultivos que están en riego. La materia orgánica ayuda a mantener la humedad y es también necesaria para incrementar poblaciones, dado que favorece una rica disponibilidad de alimento, como pequeñas larvas de diversos dípteros. En invernaderos, en cultivos al aire libre y en jardines donde se practica la agricultura y la jardinería ecológicas la presencia de estas moscas auxiliares suele ser mayor. Por las prácticas que mantienen e incrementan la materia orgánica en la tierra y por la no utilización de herbicidas y tratamientos químicos. Precisamente por eso en algunos invernaderos no ecológicos, donde se cultiva sobre enarenados o sustratos inertes, tienen que colocar una especie de macetones llenos de mantillo si quieren que la mosca tigre pueda criar en ellos. Por otro lado, la implantación de cubiertas vegetales, setos y asociaciones se traduce en una comunidad de pequeños insectos voladores mucho más rica, que a su vez favorecerá la población de adultos de este auxiliar en la vegetación del cultivo y en los alrededores.

Mosca tigre (*Coenosia attenuata*) comiéndose un minador de las hortalizas (*Lyriomiza trifolii*) sobre una sandía.

◂
Las mosquitas plateadas son pequeñas, rechonchas y con un color gris plateado característico.

MOSQUITA PLATEADA

Familia Chamaemyiidae

Descripción. Se trata de una pequeña familia con unas doscientas especies conocidas en todo el mundo y cuyas larvas suelen ser depredadoras. En este caso hablamos del género Leucopis, al que pertenece la mosquita plateada, la más frecuente entre nuestras plantas. Se trata de una mosca pequeña, de no más de 3 milímetros, de color gris plateado y ojos rojizos. Tiene un característico abdomen redondeado y rechoncho que le da el aspecto de estar comprimida.

La larva puede ser de color blanquecino o amarillento y llega a medir unos 5 milímetros. En la zona delantera, más estrecha, al mirar con una lupa podremos diferenciar su boca, formada por una especie de ganchos oscuros con los que enganchan a su presa. En el extremo posterior de su cuerpo destacan dos apéndices a modo de cuernecillos, que la hacen fácilmente reconocible. Sus movimientos son lentos.

La pupa es de color marrón oscuro, conservando los cuernecillos en el extremo posterior, y se queda adherida a la planta junto al lugar donde ha estado alimentándose la larva.

No confundir con... En el campo podemos encontrar numerosas mosquitas pequeñas y rechonchas que pueden llegar a confundirse con las mosquitas plateadas. Sin embargo, es precisamente el color lo que las diferenciará, ya que suelen ser negras, metalizadas, amarillas, marrones... Además, a las mosquitas plateadas las veremos rondando cerca de los pulgones. Las larvas se encontrarán entre los pulgones al igual que las de los sírfidos. Será el par de cuernecillos que tienen en el extremo el que nos ayudará a diferenciarlas.

CINTURÓN DE SEGURIDAD

Las larvas pueden segregar una especie de saliva viscosa con la que se ayudan a quedar adheridas a la planta. En alguna ocasión puede observarse incluso una especie de cinturón de seguridad creado a base de esta saliva viscosa y densa.

VECINOS

Los adultos siempre están al acecho alrededor de las presas, situadas en los extremos de las hojas o ramas. Ahí se alimentan de la melaza que sueltan los pulgones o las cochinillas. Para poner los huevos tampoco se alejan mucho; los ponen muy cerca de ellas.

▴
Larva de mosquita plateada alimentándose de pulgón de la adelfa (*Aphis nerii*).

▲ Las pupas son de color marrón y quedan adheridas al vegetal donde se han alimentado las larvas. Sigue conservando los dos apéndices en el extremo del abdomen.

Notas sobre su forma de vida. Esta mosca realiza movimientos lentos en la colonia de pulgones, por lo que estos no se alertan ni se tiran de la planta. De este modo, la larva puede devorarlos tranquilamente. Debido a su pequeño tamaño, los adultos no llaman la atención.

¿Qué comen? Las mosquitas plateadas viven de sustancias azucaradas como la savia o la melaza que sueltan los insectos chupadores, mientras que las larvas se alimentan de insectos de cuerpo blando, principalmente pulgones. También hay especies que se alimentan de cochinillas y piojillos.

Qué hacer para fomentarlos. Se ven favorecidas por plantas que acogen pulgones como el hinojo (*Foeniculum vulgare*), el durillo (*Viburnum tinus*) o el madroño (*Arbutus unedo*). En cultivos suelen verse de forma frecuente en árboles frutales y cítricos. Siempre en presencia de pulgones, nos llama la atención la pequeña larva con los dos pequeños apéndices como cuernecillos en la parte trasera. Con una lupa los veremos con mayor claridad; son inconfundibles.

MOSQUITO DEPREDADOR

Familia Cecidomyiidae

Descripción. El mosquito depredador (*Aphidoletes aphidimyza*) pertenece a la familia Cecidomyiidae, una familia rica, con más de 5.000 especies descritas en todo el mundo. Los adultos son de tamaño pequeño, no superan los 3 mm de longitud, y de colores apagados –entre marrones y grises–, lo que les hace poco visibles. Son dípteros,

▲ Un adulto de mosquito depredador descansa bajo la hoja de una frambuesa.

EFICAZ ANTIPULGONES

Una vez que la larva de mosquito depredador da con un pulgón lo engancha con su boca, que es como un pequeño gancho, y le inyecta una toxina que lo paraliza. De este modo puede alimentarse tranquilamente. Van sorbiendo su interior hasta dejarlo literalmente seco. En el caso de que la población de pulgón sea alta, matan a más pulgones de los que se alimentan, paralizando al siguiente antes de terminar con el primero. Las poblaciones de pulgones depredadas tienen un aspecto característico, están secos y adheridos a la planta, incluso después de que ya no queden larvas entre ellos.

CASI INGRÁVIDOS

Este pequeño mosquito depredador tiene costumbres circenses de riesgo, pues acostumbra a colgarse de las telas de araña, como lugar de reposo diurno. Sin embargo, a partir del crepúsculo cambia la situación, pues parece ser que estas ubicaciones estimulan el apareamiento. La hembra atrae al macho de forma más efectiva, además de que ambos como mejor se aparean es colgados de la tela de araña, lo que mejora la fecundidad y los huevos fértiles. Decimos que es una costumbre "de riesgo" porque una tela de araña es una estructura normalmente creada para cazar, pero dado el insignificante peso de estos insectos beneficiosos, junto con sus sutiles movimientos, las vibraciones que provocan no son suficientes para que la araña se percate de ello o lo relacione con la captura de una presa.

▲
Sobre esta cebada han dejado un rastro brillante las larvas de mosquito depredador que están dando buena cuenta del pulgón *Sitobion avenae*.

es decir, que como cualquier otra mosca o mosquito tienen dos alas. Las pliegan sobre su cuerpo cuando están en reposo, sin destacar. En cambio, sí que destacan sus largas y delgadas patas en relación con el tamaño de su cuerpo. También son largas las antenas, que suelen tener

▲
Sobre esta hoja de arándano pueden observarse varios huevos y larvas de mosquito depredador que están alimentándose del pulgón *Ericaphis scammelli*.

curvadas hacia atrás. Las de los machos son más largas que las de las hembras y algo plumosas, lo cual les confiere mayor sensibilidad y son precisamente las encargadas de guiarlos hacia las hembras a la hora de aparearse.

Las larvas no tienen patas ni cabeza diferenciadas y no presentan verrugas ni espinas visibles: su aspecto es liso y brillante. Son alargadas y, al igual que los adultos, miden unos 3 mm. No obstante, son más llamativas. Gracias a su coloración naranja intenso, que las destaca de entre sus presas, daremos con ellas en caso de que haya presencia. Esta es su coloración normal, aunque puede variar ligeramente y adquirir tonos más intensos tirando al rojizo o menos intensos y más cercanos al amarillo. Aun así, son fácilmente identificables cuando las veamos entre los pulgones o ácaros.

Los huevos son alargados, brillantes, de color naranja y, aunque muy pequeños, se diferencian bien de los pulgones entre los cuales los colocan.

Las pupas son un pequeño capullito de tierra a escasos centímetros de la superficie.

No confundir con... Es frecuente encontrar entre nuestras hortalizas el mosquito depredador de ácaros *Feltiella acarisuga* que se alimenta de la conocida araña roja (*Tetranychus urticae*). En este caso las larvas son muy parecidas, algo más oscuras las que se alimentan de araña roja. Y si las confundimos tampoco tendrá mayor importancia, pues ambas especies son depredadoras, siendo Aphidoletes más efectiva en el control biológico que Feltiella.

En nuestra huerta también podemos encontrar pequeñas larvitas anaranjadas sobre plantas que no tienen pulgón ni ácaros. Al acercarnos veremos que están infectadas de roya u oídio. Seguramente son larvas del mosquito *Mycodiplosis* sp., que se alimenta de estos hongos, aunque sin llegar a controlarlos del todo.

Notas sobre su forma de vida. Los adultos de mosquito depredador descansan durante el día, ocultos entre la vegetación. Su actividad comienza por la noche, que es cuando vuelan. Se alimentan de sustancias dulces como néctar si es accesible, savia o la propia melaza de los pulgones. Es a través del olor de esta melaza como las hembras de *Aphidoletes aphidimyza* localizan a los pulgones. En esto son bastante efectivas, pues se mueven muy bien entre las plantas y cuando encuentran la colonia de pulgón pone los huevos entre ellos. Sus máximos de actividad los alcanzan en primavera y en otoño.

¿Qué comen? Son las larvas las que depredan, no los adultos. Pocos son los pulgones que no sean comidos por la larva del mosquito depredador Aphidoletes. Los más frecuentes en nuestras hortalizas, frutales y cítricos suelen ser *Aphis fabae, Aphis gossypii, Aphis spiraecola, Macrosiphum euphorbiae, Myzus persicae*...

AGALLAS

Comúnmente, a los miembros de esta familia se les llama mosquitos de las agallas, ya que la mayoría de las especies se alimentan de vegetales a los cuales inducen a formar extrañas formas en hojas y tallos, como también hacen algunos ácaros y avispillas. Ejemplos de agallas de mosquito que podemos observar en nuestro entorno son las producidas en la hoja de encina por *Dryomyia lichtensteinii*. Otras especies no generan esas llamativas deformaciones, pero pueden causar problemas en cultivos, como ocurre con el mosquito de los cereales *Mayetiola destructor* o el de las yemas como *Prodiplosis longifila*.

▸ El mosquito depredador (*Aphidoletes aphidimyza*) emplea las telas de araña como zonas de cortejo y apareamiento.

Qué hacer para fomentarlos. Las cubiertas vegetales y setos son fundamentales. Elegiremos plantas que sean fácilmente colonizadas por pulgones, especialmente aquellos que no sean compatibles con nuestro cultivo principal. Un ejemplo es el madroño, que tiene un pulgón verde (*Wahlgreniella nervata*) por el que suele tener preferencia, o los rosales. Otras especies leñosas que serán bienvenidas son el durillo (*Viburnum tinus*), el álamo blanco (*Populus alba*) y el sauzgatillo (*Vitex* sp.). Lo curioso es que no todos los pulgones gustan a este auxiliar, como es el caso del pulgón amarillo (*Aphis nerii*) de la adelfa (*Nerium oleander*), por lo que las adelfas con pulgón amarillo serán refugio de mariquitas y sírfidos pero no de mosquito depredador.

Las especies herbáceas también son muy atrayentes para el pulgón, y serán un complemento a las especies arbóreas en los setos. Algunos ejemplos de los más interesantes son el hisopo (*Hyssopus officinalis*), el tanaceto (*Tanacetum vulgare*), la acedera (*Rumex* sp.), la hierba cana (*Sonchus oleraceus*), y los cardos (*Cynara cardunculus*) entre otros.

En cuanto a las cubiertas vegetales, para el caso que nos ocupa, las de cereal son las más adecuadas, porque son colonizadas por los pulgones de los cereales (*Ropalosiphum* sp., *Sitobium* sp. y *Schizaphis* sp.). La cebada es muy buena opción para sembrar entre calles o bordes a modo de corredores.

Por último, durante la fase de pupa necesitan cierta humedad, algo que debemos tener en cuenta a la hora de trabajar la tierra. La situación más ventajosa se produce en presencia de riego y, si no lo hay, con la aportación de materia orgánica, con acolchados de materiales orgánicos, o bien dejar los setos con ramificación baja y todas aquellas prácticas que ayuden a mantener la humedad en el terreno. Todas ellas favorecerán al mosquito depredador Aphidoletes en su fase terrestre.

Bajo este pulgón del madroño destaca la larva del mosquito depredador de color naranja.

▲
Las libélulas tienen una anatomía, con un tórax bien desarrollado y alas resistentes, que les proporciona un potente vuelo.

8 Libélulas y caballitos del diablo

Orden Odonata

El orden Odonata está representado por las libélulas y caballitos del diablo, con más de 5.000 especies descritas en todo el mundo. Las libélulas constituyen un suborden llamado Anisoptera y los caballitos del diablo, el surborden Zygoptera. Se trata de uno de los insectos más antiguos del mundo, que se mantiene casi tal cual era antes de nuestra existencia. Tienen dos pares de grandes alas rígidas que no pueden doblar ni replegar, movidas por un musculoso tórax que precede a su largo abdomen. Poseen un aparato masticador con mandíbulas dentadas y fuertes. Las antenas son apenas imperceptibles, atrofiadas en favor del excelente sentido de la vista.

LIBÉLULAS

Suborden Anisoptera

Descripción. Las libélulas se caracterizan por su corpulencia y potente vuelo. Sus grandes ojos ocupan prácticamente toda su cabeza y se tocan, o casi, en la parte superior de esta. Las alas son resistentes y las delanteras son ligeramente diferentes a las traseras, pero bien desarrolladas todas. Cuando están posadas las mantienen abiertas a ambos lados de su cuerpo o en ángulo hacia abajo a modo de tejado. Pueden llegar a ser bastante grandes, midiendo hasta casi 10 centímetros.

Las ninfas, como se conoce a la fase juvenil, tienen tres pares de patas y coloración verde o marrón a modo de camuflaje. Miden entre 2 y 4 cm. Su cuerpo es ancho, incluida la cabeza, donde destacan los ojos.

▲
Ninfa de libélula en una charca.

COMO GLOBOS

Las ninfas respiran insuflando agua en el interior de su abdomen, donde están las branquias. Esta cavidad abdominal la utilizan también para desplazarse. Expulsan el agua contenida en ellas por el orificio anal y con este impulso avanzan. Es como si bajo el agua soltáramos la boquilla a un globo lleno de agua.

No confundir con... Las libélulas no suelen confundirse con otros insectos por su robustez. Como no pueden plegar las alas sobre su cuerpo siempre las tienen abiertas, incluso en reposo. Esto las diferencia de los caballitos del diablo, además de que estos son más endebles y delgados que las libélulas.

Notas sobre su forma de vida. El ciclo vital de las libélulas está vinculado al agua, donde crían. Los huevos son puestos en ella directamente o en la vegetación acuática. Tras un periodo de varios meses, e incluso años según especies, las ninfas desarrolladas salen del agua trepando por la vegetación o por cualquier otro elemento. Unas veces a pocos centímetros, otras a más de un metro, se detienen y comienzan el proceso de muda. Al salir el adulto, tardan varias horas en estirar y endurecer las alas para poder salir volando. Hasta ese momento son muy vulnerables a las aves, los anfibios y los reptiles. Estas mudas son fáciles de encontrar, sobre todo a finales de primavera y durante todo el verano, momentos en los que hay más salidas de adultos.

La caza en el aire suelen hacerla de dos maneras distintas. La primera, patrullando una zona concreta, siguiendo un patrón de vuelo. Lo más espectacular es cuando encuentran una nube de mosquitos o moscas. Comienzan a dar pasadas muy rápidas, cruzando una y otra vez hasta que sacian su apetito. En verano, cuando caminamos sobre la hierba o recolectamos en la huerta, es curioso verlas lanzándose sobre todo lo que va levantando el vuelo.

La segunda forma de cazar en el aire es desde una percha de caza. Muchas especies buscan un punto con buena visibilidad del entorno. Suele ser la parte más alta del elemento donde se pose (caña, poste, valla, planta, arbusto, árbol...). Siempre de forma horizontal -para una mejor visión- y de cara al viento, para no ofrecer resistencia. Ahí se quedan hasta que algún insecto pasa y es localizado (a varios metros), momento en el que la libélula levantará el vuelo y regresará al mismo punto, ya con su presa bajo las patas.

Son territoriales, expulsan a cualquier semejante que invada su zona.

¿Qué comen? El menú de los adultos está constituido por moscas, mosquitos, pequeñas cigarritas, polillas y mariposas, entre otros insectos voladores. Las ninfas se alimentan de organismos acuáticos como renacuajos, alevines o larvas de mosquito.

Qué hacer para fomentarlos. Crían en aguas calmas y estancadas (balsas, charcas estacionales o permanentes, lagunas, abrevaderos...), así como en aguas con corriente más o menos rápida (ríos, riachuelos, arroyos, acequias...). Hay especies que necesitan aguas bien oxigenadas, frescas y en movimiento. Otras pueden sobrevivir en aguas estancadas pobres en oxígeno, alcalinas y con temperaturas de 30 °C, como ocurre en algunas charcas estacionales. En todos los casos se ven afec-

ARMA SECRETA

Todas las ninfas de Odonatos poseen un arma secreta: bajo la cabeza permanece plegada una prolongación de su aparato bucal. Es una especie de brazo terminado en unas pinzas que se denomina "máscara". Cuando un objetivo se acerca lo suficiente, la proyectan en un movimiento rapidísimo, apresando a la víctima y llevándosela a la boca.

▼
En la foto izquierda vemos cómo las libélulas cuando están posadas mantienen las alas abiertas. A la derecha, vemos una libélula empleando cañas como perchas de caza en una huerta .

DEL JURÁSICO

Cuando veamos una libélula, sin lugar a dudas podemos decir que volaron entre los dinosaurios. Las libélulas (Anisoptera) tal y como las conocemos hoy día se remontan al periodo Jurásico. Así lo atestiguan numerosos fósiles conservados en los museos de historia natural de todo mundo. Seguro que en alguna ocasión se posaron sobre el tiranosaurio.

▲
Fósil de *Urogomphus eximius*, del periodo Jurásico (Museo de Historia Natural de Berlín). Son numerosos los fósiles encontrados de libélulas que volaron entre dinosaurios.

tadas por los vertidos continuados procedentes de ganaderías intensivas y de la industria en general. Y no digamos por el efecto que siguen teniendo las aplicaciones de herbicidas y otros productos utilizados de forma indiscriminada –e impune– y no solamente en la actividad agraria. La conservación de las aguas superficiales es fundamental para favorecer la vida de estos auxiliares.

CABALLITOS DEL DIABLO

Suborden Zygoptera

Descripción. La constitución de los caballitos del diablo, así como el vuelo, es más débil y delicado que en las libélulas. No superan los 5 cm de longitud y los ojos son más pequeños, situados a ambos extremos de la cabeza, a modo de martillo. Las cuatro alas son de igual tamaño y forma, manteniéndolas plegadas verticalmente por encima de su cuerpo.

El cuerpo de las ninfas es alargado y estrecho, con tres branquias en forma de pala en el extremo de su abdomen que utilizan también para desplazarse, moviéndolas de un lado a otro del cuerpo. Son de color verde, o marrón oscuro, y pueden medir entre 1,5 y 3 cm de longitud.

▲
Los caballitos del diablo se alimentan de numerosos pequeños insectos, muchos de ellos molestos para nosotros, como son los mosquitos.

No confundir con... Los caballitos del diablo son muy reconocibles, aunque si no prestamos atención podríamos llegar a confundirlos con alguna hormiga león adulta. Estas últimas tienen antenas bien desarrolladas además de plegar sus alas hacia abajo, sobre los costados de su cuerpo. Sin embargo, las antenas de los caballitos del diablo son casi imperceptibles y las alas las pliegan sobre su cuerpo, juntas y paralelas a su abdomen.

Notas sobre su forma de vida. El ciclo vital se asemeja al de las libélulas. A diferencia de estas, los caballitos del diablo -normalmente- cazan lanzándose sobre un insecto que esté posado o se mueva sobre las plantas, por lo que también entran en su dieta insectos no voladores. Son voraces y ansiosos consumidores. Tanto es así que la mayoría de las veces no se posan para comer a menos que la presa sea grande, como una mariposa o polilla. Lo hacen en el aire, sobre la marcha, y terminan en unos pocos bocados.

El par de patas delantero es más corto que el del medio, y el medio más corto que el último. Cuando vuelan tienen las patas recogidas, hasta que están a punto de dar alcance a su presa y entonces las abren hacia adelante. La desigualdad creciente en cuanto a la longitud de las patas hace que estas formen una especie de cesta en forma

◂
Pareja de caballitos del diablo en el típico tándem de apareamiento.

VISIÓN EXTRAORDINARIA

Como expertos cazadores aéreos, los Odonatos cuentan con las herramientas necesarias para serlo. Sus grandes y complejos ojos les proporcionan una visión extraordinaria. Controlan lo que pasa tanto delante como detrás, pues tienen visión de casi 360°.

▼
Este caballito del diablo se está pegando un atracón de polilla.

de embudo. Debido a su velocidad y precisión, el insecto –cuando es alcanzado– queda dentro de esta "cesta", momento en el que cierra las patas. Además, cada una de las patas tiene a cada lado una fila de pequeñas espinas apuntando ligeramente hacia delante, con lo cual aumenta la eficacia de retención del insecto presa, que queda sujeto cerca de la boca de su depredador, de manera que empieza a comerlo de inmediato.

El apareamiento es un tanto aparatoso, pues el macho agarra a la hembra por el cuello –con unas pinzas situadas en el extremo de su abdomen– y la hembra curva bajo ella el suyo, enganchándolo bajo el segundo segmento del abdomen de su pareja, donde se localiza el esperma. Esto dura un momento, o varias horas según la especie, y pueden volar durante este periodo. A la hora de poner los huevos, la pareja –todavía en tándem– localiza el lugar adecuado y, mientras el macho queda en la superficie, la hembra sumerge su abdomen o todo el cuerpo en el agua para ir colocando los huevos. Esto también pueden hacerlo volando.

¿Qué comen? Las presas de los caballitos del diablo son más pequeñas que las de las libélulas. Se alimentan de moscas blancas y de otras mosquitas, mosquitos, pequeñas polillas, pulgones, etc. Las ninfas se alimentan de renacuajos, larvas de mosquito y otros organismos acuáticos.

Qué hacer para fomentarlos. Añadamos una razón más a las muchas que hay para conservar el agua de nuestro entorno, ya sea una charca estacional, un riachuelo o cualquier otro punto de agua natural o artificial. Tampoco hemos de permitir que, a las aguas donde crían, lleguen vertidos que pongan el peligro su existencia.

En huertas pequeñas podemos crear charcas o lagunas artificiales con algo de vegetación para facilitarles un lugar de cría. Incluso podemos colocar perchas de caza, en caso de que escaseen, pinchando cañas delgadas en los alrededores del cultivo.

▲
Depositan los huevos bajo la superficie del agua, adhiriéndolos a la vegetación.

MÁS BIODIVERSIDAD

Las ninfas son uno de los principales recursos alimenticios para gran parte de las aves acuáticas y de los anfibios. Su abundancia supone mayor riqueza en organismos acuáticos, lo que se traduce en mayor diversidad y complejidad de la comunidad de seres vivos en la zona.

CON LOS DINOSAURIOS

Los caballitos del diablo (Zygoptera) conocieron a los primeros dinosaurios. El motivo es que su origen, tal y como los conocemos hoy, se remonta al Triásico. Fue en este periodo durante el cual aparecieron los dinosaurios y por tanto los caballitos del diablo fueron testigos de su aparición y de su desaparición.

▼
Los caballitos del diablo, cuando están en reposo, mantienen las alas plegadas.

Tercera parte

Una avispilla de la especie *Pteromalus nr. Myopitae* parasita a una larva de mosca del olivo (*Bactrocera oleae*).

Descubrir los parasitoides

▲
Una pequeñísima avispilla (*Cocophagus semicircularis*) se coloca sobre una cochinilla blanda (*Coccus hesperidum*) para parasitarla.

1 Hablemos sobre parasitoides

Los parasitoides son insectos, principalmente avispas y moscas, claves en el control biológico de plagas. De avispas hay numerosas familias, como bracónidos, icneumónidos, afídidos y afelínidos entre otras. Son especies reconocidas en todo el mundo de las que se sueltan miles de millones cada año en invernaderos, cultivos al aire libre, parques y jardines para que parasiten huevos, larvas, pupas y adultos de diferentes plagas. Son de formas muy variadas, pueden medir desde el medio milímetro de la pequeña *Trichogramma* spp. hasta los 6 cm de una *Megascolia maculata flavifrons*.

En cuanto a las moscas, juegan un papel importante en el control biológico de insectos como orugas en cultivos y zonas forestales. La familia de moscas parasitoides más importante y abundante son las moscas taquínidas o Tachinidae. Conocerlos y aprender a observarlos nos será de gran ayuda.

¿QUIÉNES SON?

Los parasitoides no son parásitos. Las larvas de los parasitoides viven a expensas de un insecto al que se denomina hospedante, que es consumido y muere en el proceso, mientras que un parásito no mata de forma directa, sino que se aprovecha de su hospedante sin necesidad de eliminarlo, como por ejemplo los piojos o las garrapatas. Esa es la diferencia básica entre un parasitoide y un parásito.

▲
Pequeña avispilla (*Pteromalus puparium*) parasitando la crisálida de una mariposa de la col (*Pieris brassicae*).

¿PELIGROSOS?

Si hay algo que despiertan las avispas, es respeto o miedo por sus picaduras. Pero si tenemos en cuenta que nos encontramos ante algunas de las especies más grandes que podemos encontrar entre nuestras plantas, el respeto o miedo puede volverse pánico. Más aún si, equivocadamente, pensamos que tras un ejemplar puede haber todo un combativo enjambre. Sin embargo, las avispas parasitoides son himenópteros solitarios, no viven en comunidad, no son sociales ni crean avisperos. Estas avispas solitarias son amigables y no tienen por costumbre picar. Los machos no pueden hacerlo, aunque especies como las del género Scolia presenten tres espinas al final de su abdomen que resultan ser falsos aguijones sin veneno. Las hembras sí tienen aguijón, pero

▲
Esta avispa icneumónida (*Ophion* sp.) posada en la hoja de una acelga es un parasitoide de orugas de polillas noctuidas como el gusano gris (*Agriotis* sp.).

Tampoco son depredadores, pues sólo necesitan un hospedante para completar su desarrollo larvario, lo que significa que la larva del parasitoide se desarrolla en el interior o sobre un solo individuo. Una vez que llega a su fase de adulto, vuelve a repetir el ciclo en otro hospedante distinto. Y esta es la diferencia principal con los depredadores, quienes necesitan muchas presas de las que alimentarse para completar su ciclo.

Los adultos de los parasitoides se mueven libremente en busca de alimento o refugio; no dependen, como sus larvas, de un hospedante del que alimentarse. De hecho, salvo excepciones, los adultos de los parasitoides no se alimentan de otros insectos. Su alimento es néctar, polen, melaza o savia.

APRENDER A OBSERVAR

Los parasitoides son muchos, la mayoría muy pequeños y complejos de identificar a simple vista. Pero si tenemos plantas afectadas por insectos como cochinillas, pulgones u otros insectos plaga, podemos observar si presentan síntomas de parasitismo ayudados de una lupa. Al observar durante varios días seguidos los síntomas que presentan, podemos valorar si el control biológico realizado por los parasitoides es suficiente para detenerlos y/o mantenerlos a raya o si, por el contrario, no es suficiente y hay que actuar. Conocer estos síntomas y su observación ha de ser una pauta más a seguir en nuestro día a día, ya que nos ayudará a identificar si tenemos parasitismo en nuestro cultivo y a entender cómo funciona, además de ahorrarnos trabajo y dinero. Sería un error realizar tratamientos cuando los parasitoides tienen controlada la plaga.
Para familiarizarnos con el proceso parasitoide podemos meter en botes transparentes muestras de insectos parasitados. Por ejemplo, una hoja o tallo con larvas de mosca blanca, pulgones, orugas o cochinillas que parezcan parasitadas y observar durante unos días con detenimiento qué sucede. Si emergen avispillas o moscas parasitoides, podremos ver cómo son y además fijarnos en los síntomas que dejan en los restos de sus hospedantes.

▲
Esta cochinilla de la tizne (*Saissetia oleae*) ha estado parasitada, lo delatan los tres agujeros circulares que presenta.

lo utilizan para picar e inmovilizar a sus presas. Recordemos que son solitarias y, al igual que ocurre con los Euménidos o las avispas alfareras, no tienen el instinto defensivo de comunidad como las que viven en panales o colmenas. Por eso el aguijón no lo usan para picarnos en caso de que invadas su espacio, solamente si las coges sin cuidado y las dañas lo harán para defenderse y que las sueltes. No obstante, tranquiliza saber que su picadura no se corresponde con el tamaño que puedan presentar. Por ejemplo, *Megascolia* sp. se asemeja en tamaño a una avispa común y, sin embargo, su picadura puede ser menos dolorosa e incluso no dejar secuelas de ningún tipo. Aun así, y aunque no nos pique, debemos tener en cuenta las fuertes mandíbulas que poseen, ya que sus mordeduras pueden superar a las picaduras de las hembras. Pero insisto, si muerden será solamente en caso de cogerlas sin cuidado ni respeto. Podemos pasear junto a numerosos ejemplares en vuelo, y observarlos de cerca, nunca nos harán el más mínimo daño.

¿CÓMO TRABAJAN?

Estos auxiliares tienen muy buena capacidad de dispersión y siempre terminan por aparecer allí donde están sus hospedantes. Son capaces de localizar los insectos a parasitar mediante sustancias volátiles y rastros químicos. "Olores" que detectan con sus antenas, que van moviendo constantemente, tocándolo todo, pues son su instrumento de orientación y guía. Para localizar zonas donde buscar, algunos se guían por el perfume sexual (feromonas) que segregan los insectos plaga entre sí para aparearse. Otros son atraídos por el olor (kairomona) de sus secreciones, excrementos y jugos gástricos, incluso por el olor de los tejidos de la planta dañada.

▼
Diferencia entre un pulgón sano (izquierda) y un pulgón parasitado (derecha) con aspecto de momia.

Una vez localizado el hospedante, la hembra de parasitoide se dispone a colocar el huevo, o los huevos, utilizando el oviscapto. Este es un órgano afilado, como una especie de falso aguijón, que le sirve para insertar, clavar o introducir los huevos. Este órgano pueden tenerlo bien en el extremo del abdomen, o bien bajo este.

Los parasitoides llamados solitarios –por ejemplo, la avispilla parasitoide de pulgones *Aphidius colemani*– ponen un solo huevo en el hospedante, y de él se desarrollará una larva y saldrá un adulto. Sin embargo, las hembras de parasitoides llamados gregarios colocan varios huevos en un mismo hospedante –como hace *Pteromalus puparium* en la pupa de oruga de la col (*Pieris brassicae*)–, de modo que de una misma pupa salen varias decenas de avispillas.

La larva de parasitoide puede desarrollarse fuera o dentro de su hospedante. Cuando se desarrolla sobre el cuerpo del insecto parasitado

(ectoparasitoide), es como si tuviera pegada una sanguijuela, como hace la *Megascolia* sp., quien parasita a las larvas de escarabajos de la familia Scarabaeidae, conocidas como gallinitas ciegas. Cuando se desarrolla en el interior (endoparásito) es más difícil saber si el insecto está parasitado o no, al menos hasta que no avance su desarrollo y el hospedante presente síntomas externos, como cambio de color o inmovilidad.

Otra observación interesante es saber si los parasitoides detienen la actividad de los insectos a los que afecta. En unos casos, el parasitoide detiene el crecimiento de su hospedante (idiobionte) dejándolo paralizado desde el primer momento, como es el caso de *Pnigalio pectinicornis,* que parasita larvas de minador de los cítricos. Por el contrario, hay parasitoides que no detienen la actividad de su hospedante (koinobionte), sino que se alimentan de órganos no vitales hasta completar su desarrollo, momento en el que provocan la muerte, como es el caso de las moscas taquínidas cuando parasitan orugas.

▲
En el interior de esta cochinilla blanca (*Coccus hesperidum*) se está desarrollando la larva de una avispilla parasitoide.

PICADURAS ALIMENTICIAS

Algunos adultos de parasitoides matan a otros insectos mordiéndoles o picándoles, obteniendo una doble eficacia en su labor de controlar plagas, porque no solamente eliminan insectos parasitándolos, sino también mediante lo que puede llamarse falsa depredación. Les pinchan o les muerden repetidas veces para que brote su hemolinfa –la sangre de los insectos– y así poder beberla, con lo cual tienen una fuente extra de proteínas sin moverse del sitio donde seguir haciendo la puesta de sus huevos. Esta forma de alimentarse puede provocar más muertes que las producidas por el propio parasitismo. Es frecuente en parasitoides de cochinillas, piojos y larvas de mosca blanca.

▶
Una avispilla parasitoide (*Leptomastix dactylopii*) rastrea con sus antenas a una cochinilla algodonosa (*Planococus citri*) para parasitarla.

▲
Avispilla (*Aphidius ericaphidis*) parasitando pulgón verde del arándano (*Ericaphis scammelli*)

2 Avispas, himenópteros parasitoides

PARASITOIDES DE PULGONES

Las más abundantes y efectivas son las avispillas de la familia Braconidae, subfamilia Aphidiinae. Las diferentes especies son muy similares entre sí. De cuerpo estilizado y oscuro, las patas suelen ser más claras, tendiendo al marrón amarillento. Su tamaño oscila entre los 2 y los 4 milímetros, por lo que se pueden observar a simple vista entre los pulgones.

Tienen una forma muy llamativa de poner los huevos. Cuando localizan su objetivo, las hembras se colocan frente a él y, levantando las patas, arquean el abdomen bajo su cuerpo, proyectándolo hacia adelante hasta llegar al pulgón. En ese momento le clavan el oviscapto e inyectan el huevo. A los pocos días el pulgón queda inmóvil, se infla ligeramente y adquiere un color marrón claro o gris y aspecto mate. Esta apariencia como de momia es la que le ha hecho que coloquial-

PARASITOIDES, PULGONES PARASITADOS Y ALTERNATIVAS

En este cuadro podemos ver algunas especies de parasitoides, el pulgón al que parasitan, en qué cultivo y pulgones alternativos junto con sus plantas alimenticias.

Especie parasitoide	Pulgón hospedante	Cultivos afectados por pulgón hospedante	Pulgón hospedante alternativo	Plantas acompañantes con pulgón hospedante alternativo
Aphidius colemani	*Aphis gossypii, Aphis fabae, Aphis punicae, Myzus persicae, Myzus nicotianae, Rophalosiphum maidis, Rophalosiphum padi.*	Hortalizas (calabacín, melón, pepino, pimiento, sandía...), cítricos, habas, granado, melocotón, tabaco, cereales.	*Aphis nerii, Brachycaudus cardui, Diuraphis noxia, Brevicoryne brassicae.*	Adelfa (*Nerium oleander*), cardos (*Cynara* sp.), margaritas (*Chrysanthemum* sp.), *Prunus spinosa*, cereales, *Rosa* spp., brassicas.
Aphidius ericaphidis	*Ericaphis scammelli*	Arándano	*Walhgreniella nervata*	Madroño (*Arbutus unedo*)
Aphidius ervi	*Acyrthosiphon pisum, Aphis craccivora, Therioaphis trifolii, Macrosiphum euphorbiae, Myzus persicae, Sitobion avenae, Rhopalosiphum maidis, Schizaphis graminum, Dysaphis plantaginea.*	Alfalfa, hortalizas (berenjena, lechuga, melón, patata, pimiento, tomate…), melocotón, manzano.	*Therioaphis trifolii, Metopolophium dirhodum, Uroleucon sonchi, Aphis rumicis, Capitophorus inulae.*	Medicago, Trifolium, Melilotus, Onobrychis, Lotus, *Rosa* spp., cereales, hierba cana (*Sonchus oleraceus*), acedera (*Rumex* spp), olivarda (*Dittrichia viscosa*).
Aphidius matricariae	*Dysaphis plantaginea, Myzus persicae, Myzus cerasi, Aphis craccivora, Aphis gosypii, Aphis fabae, Aulacorthum solani, Sitobion fragariae, Sitobion avenae, Rhopalosiphum maidis, Rophalosiphum padi.*	Manzano, melocotón, cerezo, cítricos, hortalizas (habas, patata, tomate…), fresa, cereales.	*Brachycaudus cardui, Phorodon humuli, Ovatus crataegarius, Lipaphis erysimi, Capitophorus inulae.*	Cardos (*Cynara* sp.), margaritas (*Chrysanthemum* sp.), *Prunus spinosa*, majuelo, melisa, *Mentha* spp., brassicas, olivarda (*Dittrichia viscosa*).
Aphidius uzbekistanicus	*Sitobion avenae, Sitobion fragariae, Shizaphis graminum.*	Cereales, fresa.	*Diuraphis noxia, Metopolophium dirhodum.*	Cereales, *Rosa* spp.
Binodoxys angelicae	*Aphis gossypii, Aphis spiraecola, Toxoptera aurantii, Dysaphis plantaginea, Myzus cerasi.*	Hortalizas (calabacín, melón, pepino, pimiento, sandía), cítricos, manzano, cerezo,	*Brachycaudus cardui, , Aphis rumicis.*	Cardos (*Cynara* sp.), margaritas (*Chrysanthemum* sp.), *Prunus spinosa, Acedera* (*Rumex* spp)
Diaeretiella rapae	*Myzus persicae, Brevicoryne brassicae.*	Manzano, melocotón, ciruelo, hortalizas brasicáceas (coliflor, col…).	*Brevicoryne brassicae, Lipaphis erysimi, Diuraphis noxia.*	Brassicas arvenses como jaramagos y nabos silvestres, cereales.
Lysiphlebus testaceipes	*Aphis gossypii, Aphis fabae, Aphis spiraecola, Myzus persicae, Aphis pomi, Toxoptera aurantii, Toxoptera citricida, Aphis punicae.*	Cítricos, arándano, granado.	*Aphis arbuti, Aphis craccivora, Aphis hederae, Aphis nerii, Aphis ruborum, Aphis umbrella, Aphis urticata, Brachycaudus cardui, Cavariella aegopodii, Coloradoa bournieri, Rhopalosiphum padi.*	Adelfa (*Nerium oleander*), madroño (*Arbutus unedo*) hiedra (*Hedera helix*), zarzamora (*Rubus fruticosus*), malvas, ortiga (*Urtica* spp.), cardos (*Cynara* sp.), santolina, perejil de burro (*Chaerophyllum hirsutum*), cereales.
Lysiphlebus fabarum	*Aphis fabae, Aphis craccivora, Acyrthosiphon pisum, Myzus persicae.*	Habas, alfalfa, hortalizas (berenjena, lechuga, melón, patata, pimiento, tomate…), melocotón, manzano y cereales.	*Aphis fabae, Sitobion avenae, Rhopalosiphum maidis, Capitophorus inulae..*	Habas, cardos (*Cynara* sp.), cereales, olivarda (*Dittrichia viscosa*).
Praon volucre	*Acyrthosiphon pisum, Aphis craccivora, Macrosiphum euphorbiae.*	Alfalfa	*Macrosiphum rosae*	*Rosa* spp.

* Los cereales pueden ser cultivados, sembrados como cubierta en las calles u otras zonas, acompañantes al cultivo principal o (gramíneas) silvestres.

▲
Se observan más momias que pulgones sanos y aún no han salido los parasitoides. El parasitismo está ejerciendo un buen control en este caso.

mente se le llame así, momia. Una vez sale, la avispilla deja un agujero circular de salida muy fácil de observar. Si tomamos una rama u hoja con pulgón y hay alguno inflado e inmóvil o se ve alguna momia, el parasitismo ha empezado. Si hay muchas momias, va evolucionando. Y si las momias van presentando agujeros circulares, están completando su ciclo aumentando los adultos de avispillas parasitoides y, por lo tanto, capaces de controlar a los pulgones. A veces, vemos la población de pulgón ya totalmente parasitada, todos hechos momia. Conocer esto nos hará, por un lado, ahorrar posibles tratamientos y, por otro, valorar plantas hospedantes de interés.

PARASITOIDES DE COCHINILLAS

Se trata de un grupo de avispillas de pequeño tamaño y aspecto heterogéneo entre ellas. Pertenecen principalmente a las familias Aphelinidae y Encyrtidae, aunque también hay algún miembro de Pteromalidae. A simple vista pasan casi desapercibidas, pues apenas miden 2 o 3 milímetros, aunque algunas de estas avispillas tienen un aspecto de lo más llamativo. Por ejemplo, *Anagyrus pseudococci* tiene aspecto cobrizo metalizado pero mate, sin brillo, con ojos azulados y antenas blancas con base negra y engrosada que le dan un aspecto perfecto para formar parte de las criaturas de *La Guerra de las Galaxias*. Otra avispilla de lo más curiosa es *Comperiella bifasciata*. Tiene una coloración muy oscura, con dos bandas blancas entre los ojos que hacen un gran contraste. Las alas son transparentes, pero en la mitad tienen dos manchas oscuras que se alargan hasta el extremo final y destacan del resto incoloro. Para rematar, estas alas las dobla ligeramente hacia arriba en su mitad, por lo que

▲
Avispilla (*Anagyrus pseudococci*) parasitando cochinilla algodonosa (*Planococcus citri*)

◄
El parasitismo de los pulgones en este cardo ha finalizado, pues está toda la población con agujeros de salida.

EJEMPLOS DE AVISPILLAS PARASITOIDES DE COCHINILLAS Y PIOJOS

Especie (Familia) de parasitoide	Cochinilla/piojo	Nombre común	Cultivo que frecuenta
Anagyrus pseudococci/vladimiri (Encyrtidae), Leptomastidea abnormis (Encyrtidae), Leptomastix dactylopii (Encyrtidae), Anagyrus fusciventris (Encyrtidae), Anagyrus aberiae (Encyrtidae).	*Planococcus citri, Planococcus ficus, Pseudococcus longispinus, Delottococcus aberiae.*	Cochinilla algodonosa o cotonet.	Cítricos, viña, arándanos, caqui, ornamentales.
Aphytis melinus (Aphelinidae), *Aphytis chrysomphali* (Aphelinidae), *Comperiella bifasciata* (Encyrtidae). Encarsia perniciosi (Aphelinidae).	*Aonidiella aurantii, Aspidiotus nerii, Quadraspidiotus perniciosus*	Piojo rojo de California, Piojo blanco, Piojo de San José.	Cítricos, frutales, limonero, ornamentales.
Coccophagus lycimnia (Aphelinidae), Coccophagus semicircularis (Aphelinidae).	*Ceroplastes* spp., *Coccus* sp.	Cochinilla blanda	Cítricos, limonero, frutales, ornamentales.
Scutellista caerulea (Pteromalidae), *Microterys nietneri* (Encyrtidae).	*Saissetia oleae, Ceroplastes* sp.	Cochinilla del olivo	Olivar, cítricos.

EJEMPLOS DE AVISPILLAS PARASITOIDES DE LA MOSCA BLANCA

Especie (familia)	A quién parasita	Observaciones/pistas clave
Encarsia formosa (Aphelinidae)	Mosca blanca de los invernaderos *(Trialeurodes vaporariorum),* mosca blanca del tabaco *(Bemisia tabaci).*	La larva parasitada se oscurece, por lo que podemos valorar el efecto del parasitismo. También causa mortandad por picaduras alimenticias de los adultos sobre las larvas de mosca blanca.
Eretmocerus eremicus, Eretmocerus mundus (Aphelinidae).	Mosca blanca de los invernaderos (*Trialeurodes vaporariorum*), mosca blanca del tabaco (*Bemisia tabaci*).	Las larvas parasitadas toman un color pardo y opaco. También causa mortandad por picaduras alimenticias de los adultos sobre las larvas de mosca blanca.
Cales noacki (Aphelinidae)	Mosca blanca algodonosa (*Aleurothrixus flocosus*)	Las larvas parasitadas se vuelven opacas.
Amitus spiniferus (Platysgasteridae)	Mosca blanca del olivo *(Siphoninus phillyreae),* mosca blanca algodonosa *(Aleurothrixus flocosus).*	Las larvas parasitadas se tornan negras.

el extremo posterior parece levantado. Estas bandas, y la forma de colocar las alas, provocan una ilusión óptica confundiendo el extremo final del abdomen con la cabeza.

A pesar del pequeño tamaño de todas estas avispillas y de sus diferentes aspectos, son muy frecuentes y podemos observar fácilmente los efectos que producen en sus hospedantes. Buscaremos los agujeros circulares que dejan al salir del interior de las cochinillas o piojos. Con una pequeña lupa de mano podemos verlas cómodamente. No obstante, hay otro síntoma que puede apreciarse en cochinillas sin coraza, como la cochinilla algodonosa o cotonet (*Planococcus* sp.). Cuando es parasitada por Anagyrus, le dejan un punto negro en el lugar donde le han puesto el huevo, se ve muy bien. Es una reacción del cuerpo de la cochinilla que intenta aislar mediante un quiste al huevo insertado. Posteriormente, se infla adquiriendo forma de barril. En este caso, antes de que podamos ver el agujero de salida de la avipilla parasitoide ya sabremos si está parasitada.

▲
Esta cochinilla algodonosa o cotonet (*Planococcus citri*) tiene manchas negras, lo que indica que está siendo parasitada.

▲
Las avispillas parasitoides de mosca blanca van tanteando la hoja con las antenas para localizar a sus larvas y proceder a parasitarlas.

PARASITOIDES DE MOSCAS BLANCAS

Las avispillas parasitoides de moscas blancas pertenecen en su mayoría a la familia Aphelinidae. Son muy pequeñitas y de cuerpo compacto con colores amarillos, anaranjados, que según la especie pueden oscurecerse hasta el negro en algunas partes. Estas avispillas parasitan solamente a las larvas de mosca blanca, no a los adultos ni huevos. Acostumbran a realizar picaduras alimenticias sobre estas larvas, algo que las hace más efectivas en el control biológico. Cuando parasitan una larva de mosca blanca, estas tienden a inflarse ligeramente y cambian de color volviéndose más opacas. El color varía desde los marrones al negro, destacando entre las larvas sanas de mosca blanca. Esto unido a que cuando salen dejan el típico agujero circular, nos ayuda a valorar rápidamente el efecto del parasitismo sobre la población donde esté actuando.

◂
Estas larvas de mosca blanca han sido parasitadas y la avispilla ya ha salido, dejando el característico agujero circular.

PARASITOIDES DE MARIPOSAS Y POLILLAS

Se trata de un grupo abundante y de lo más heterogéneo. Presentan aspectos muy distintos y diferentes tamaños, desde muy pequeños a grandes. La razón es que pertenecen a varias familias, como Ichneumonidae, Braconidae o Pteromalidae, entre otras. Y estas familias son muy numerosas. Pero el efecto de estos parasitoides deja huella en orugas y crisálidas o pupas de mariposas y polillas. Así que centrémonos en estas pistas.

En primer lugar, están los típicos agujeros circulares que dejan los parasitoides al salir. Estos son los que pueden observarse en las crisálidas o pupas. Si vemos alguna con uno o varios agujeritos circulares, es seguro que ha sido parasitada.

Por otro lado, podemos hablar de avispillas de la seda. Estas afectan a las orugas y pueden

PISTAS QUE DEJAN LOS PARASITOIDES DE MARIPOSAS Y POLILLAS

Especie (familia)	A quién parasita	Observaciones/pistas clave
Pteromalus puparium (Pteromalidae)	Mariposa de la col *(Pieris brassicae)* en fase de crisálida.	Avispilla gregaria que inyecta varios huevos en las crisálidas o pupas de su hospedante. Pueden salir decenas de ellas, dejando agujeritos circulares. Muy fácil de ver.
Cotesia glomerata (Braconidae)	Mariposa de la col (*Pieris brassicae*) en fase de oruga.	Avispilla de la seda. Deja muchos capullitos de color amarillo y del tamaño de un grano de arroz. Normalmente pegados a la oruga de la col muerta o moribunda. Muy fácil de ver.
Cotesia sp. (Braconidae)	Orugas de polillas de noctuidos como la heliotis (*Helicoverpa armigera*) o de tortrícidos como *Cacoecimorpha pronubana*.	Pertenece al grupo de avispillas de la seda. Deja un capullito o varios de color blanco y del tamaño de un grano de arroz.
Hyposoter sp. (Ichneumonidae)	Orugas de polillas noctuidos como Plusia (*Autographa gamma*), lacanobia (*Lacanobia oleracea*) o rosquillas (*Spodoptera exigua*).	Pertenece al grupo de avispillas de la seda. Deja un capullito de casi 1 cm, muy característico porque parece un excremento de pájaro por su coloración.
Meteorus pulchricornis (Braconidae)	Orugas de diversas polillas, como la largarta (*Lymantria dispar*), heliotis (*Helicoverpa armigera*) u oruga de la retama (*Uresiphita gilvata*).	Pertenece al grupo de avispillas de la seda. Deja un capullito sedoso de color marrón y de unos 6 mm colgando de un hilo de seda de unos 2 cm.
Citrostichus phyllocnistoides (Eulophidae), *Cirrospilus brevis* (Eulophidae).	Minador de los cítricos (*Phyllocnistis citrella*).	Es fácil observar las pupas de las avispillas en el interior de la galería del minador. Importante fijarse en los excrementos que rodean a la pupa. A veces, puede observarse la larva de la avispilla adherida a la larva del minador, que se vuelve algo más opaca.

▲
Varias larvas de la avispilla *Cotesia* sp. proceden a elaborar el pequeño capullo sedoso junto a los restos de la oruga de *Cacoecia (Cacoecimorpha pronubana),* de la que se han alimentado y de la que apenas queda el pellejo.

▲
Los ichneumonidos de gran tamaño son muy llamativos pero inofensivos para nosotros. Parasitan orugas.

AVISPILLAS PARASITOIDES DE LA MOSCA DEL OLIVO Y MOSCA DE LA FRUTA

Especie (familia)	A quién parasita	Observaciones/pistas clave
Eupelmus urozonus (Eupelmidae) *Pnigalio agraules* (Eulophidae) *Eurytoma martelli* (Eurytomidae) *Cyrtoptyx latipes* (Pteromalidae)	Mosca del olivo *(Bactrocera oleae).*	Parasitan a larvas y pupas.
Diachasmimorpha sp. (Braconidae)	Mosca de la fruta (*Ceratitis capitata*).	Parasita a las larvas.
Pachycrepoideus vindemmiae (Pteromalidae) *Spalangia cameroni* (Pteromalidae)	Mosca de la fruta (*Ceratitis capitata*).	Parasita a las pupas.

poner uno o varios huevos en su interior. Cuando sus larvas consumen a su hospedante, tejen exteriormente un capullo de seda con forma de píldora cilíndrica. Son muy característicos y suelen encontrarse junto a los restos de la oruga de donde han salido, a menos que estos se caigan. De estos capullitos salen las avispas adultas, no las mariposas, algo que suele confundir cuando desconocemos a estos aliados. Pues no se trata de seda hecha por la oruga, sino por la larva de la avispa parasitoide.

Por último, están los parasitoides de polillas minadoras, como el minador de los cítricos. Estas avispillas buscan las hojas afectadas por el minador y, tanteando las galerías superficialmente con las antenas, localizan a la oruga minadora. Una vez localizada, se colocan en posición y atraviesan con su oviscapto la delgada capa de tejido vegetal que protege al minador colocando un huevo pegado a ella. La larva de la avispilla se alimenta de su hospedante hasta consumirlo, para luego transformarse en pupa. Es fácil diferenciar las pupas de las avispillas en el interior de las galerías. Además, antes de pupar, dejan unas marcas negras a modo de arcos o puntos en torno a ellas que son los excrementos y restos internos que liberan antes de formarse (meconio). También eliminan muchos minadores mediante picaduras alimenticias.

PARASITOIDES DE MOSCAS

Se trata del grupo de avispillas menos conocido. Quizás porque son las que parasitan a las moscas de las frutas y del olivo y su rastro no es tan evidente, ya que todo ocurre en el interior del fruto y no se puede ver nada a simple vista, salvo que tengamos suerte y pillemos a la pequeña avispilla sobre el fruto, o bien localicemos alguna pupa de mosca

Aquí tenemos cómo dos especies emparentadas hacen de puente para los parasitoides, en este caso de la mosca de la aceituna a la derecha, que son parasitadas por (de arriba abajo) *Eurytoma martelli, Eupelmus urozonus* y *Pteromalus* sp. Que a su vez parasitan la mosca de la olivarda *Myopites stylata.*

▲
Esta pequeña avispilla está clavando su oviscapto en esta flor donde hay larvas de mosca.

parasitada y con el agujero de salida circular, normalmente en un lateral, y de bordes serrados –a diferencia del agujero de salida natural en el extremo y con borde liso–, ya que la mosca sale empujando, no mordiendo como hace la avispilla parasitoide. La forma en la que localizan a la larva de la mosca bajo el fruto es digna de mencionar, pues no la ve, pero la siente. Lo hace palpando con las antenas, repetidas veces y como si de un radar se tratara; localiza la ubicación de su objetivo bajo la piel del fruto. Una vez en posición, atraviesa con cuidado la epidermis y pulpa del fruto con el oviscapto para colocar su huevo.

En este grupo de avispillas parasitoides la excepción en cuanto a pasar desapercibida es una vieja conocida en el ámbito del control biológico en cultivos protegidos. Se trata de *Diglyphus isaea* (Eulophidae), la cual parasita a pequeñas moscas minadoras de hojas del género Liriomyza tan frecuentes en hortalizas y plantas ornamentales. Trabaja de forma similiar a las que afectan al minador de los cítricos. No es difícil observar las pupas de esta avispilla parasitoide una vez se ha alimentado del minador, pues a partir de ese momento son de color oscuro.

PARASITOIDES DE ESCARABAJOS

Se trata de la familia Scoliidae, llamados comúnmente escólidos o avispa mamut, en general de biología aún poco conocida a pesar de tener en Europa 22 especies identificadas, de las cuales 12 se encuentran en la península ibérica. Son insectos robustos, de cuerpos duros y patas fuertes. La variabilidad en cuanto a tamaño es amplia y, según la especie, va desde el tamaño de una abeja como la *Colpa quinquecincta* hasta el himenóptero más corpulento e impresionante de Europa: la hembra de *Megascolia maculata flavifrons*, que llega a medir hasta 6 cm. El color predominante es el negro y, según la especie, puede ir acompañado de amarillo, anaranjado o rojo en abdomen, cabeza o antenas. La cabeza de las hembras puede ser también coloreada, lo que

▲
Macho de *Megascolia maculata flavifrons* esperando a que una hembra salga bajo un tocón de leña podrido.

Las larvas de escarabajos de la familia Scarabaeidae, conocidas como gallinitas ciegas, son las que parasitan los escólidos.

ha sido el origen del nombre científico de algunas, como *Scolia erythrocephala* (de *erythro*, rojo; y *cephala*, cabeza) o *Megascolia maculata flavifrons* (de *flavi*, amarilla; y *frons*, frente).

Están especializadas en parasitar larvas de escarabajo de la familia Scarabaeidae, conocidas como gallinitas ciegas o gusanos blancos. Se encuentran en la tierra y en material vegetal en descomposición o compostado. Algunas de estas especies pueden causar daños por sobrepoblación en los cultivos y jardines, bien por alimentarse de las raíces como *Anoxia* sp., *Phyllopertha* sp., *Ceramida* sp., *Melolonta* sp., o de flores y yemas como *Oxythyrea* sp., *Tropinota* sp. Las especies más grandes de estos parasitoides están asociadas a larvas más grandes como las del escarabajo rinoceronte (*Oryctes nasicornis*), que se alimenta de madera en descomposición.

Su biología es fascinante. En algunas de las especies más estudiadas, los machos emergen antes que las hembras y son capaces de detectarlas aun estando ocultas bajo la superficie del terreno. Sobrevuelan la zona y cuando emergen se lanzan sobre ella para aparearse. La hembra, tras alimentarse sobre las flores de abundante néctar y polen, plena de reservas, se dirige allí donde crían los escarabajos cuyas larvas parasitará. Pero estas larvas se desarrollan bajo tierra, compost, madera, serrín... Llegada al sitio y sin reparo, comienza a excavar ayudándose de sus mandíbulas y patas. Se adentra en las profundidades de la tierra, ¡incluso más de 1 metro!, en busca de las enormes larvas que asegurarán una buena despensa para su descendencia. Una búsqueda subterránea y en parte azarosa. Un procedimiento de caza nada convencional y a ciegas, ya que de nada sirve la visión que les ayuda a localizar las flores donde libar; bajo tierra entran en juego otros sentidos y órganos sensoriales.

Al localizar al gusano blanco no lo paraliza, pues para hacerlo le ha de acertar con su aguijón en un punto muy concreto, evitando heridas innecesarias y desperdicio de paralizante. Lo hace inyectándole en la zona central, entre los tres pares de patas, allí donde se encuentra la masa principal de ganglios. El gusano no lo pone fácil porque se enrosca en posición defensiva, ocultando esa zona con su extremo posterior. Pero la hembra le muerde e incluso llega a usar su aguijón sin inyectar nada ni hacer heridas para que la larva se retuerza y muestre su zona ventral. Tras el tiempo y el esfuerzo requeridos, llega a clavar el aguijón en el lugar adecuado e inyecta la anestesia, que es de efecto rápido, permanente y no reversible, aunque no se lleve a término el proceso de parasitación. Una vez inmóvil el gusano, la hembra puede llegar a moverlo profundizando un poco más. Coloca solamente un huevo sobre el vientre, para que al eclosionar la larva se aferre a su gran despensa viva introduciéndose solamente en parte (se trata de un ectoparásito) y comience a alimentarse hasta dejarla vacía. Luego la larva formará un capullo para pupar en su interior, y queda su actividad suspendida hasta que emerja de la tierra como nueva generación y vuelva a comenzar el ciclo, normalmente anual.

La hembra, después de poner el huevo, sale de la tierra en busca del néctar con el que recuperarse. Y de nuevo parasitará otra larva, y otra y otra, entrando y saliendo de la tierra cada vez, con lo cual la hazaña es aún mayor, hasta morir de agotamiento.

Mosca taquínida (*Exorista larvarum*) sobre una unciana en flor.

3 Moscas (dípteros) parasitoides: los taquínidos

Cerca de la cuarta parte de los insectos parasitoides conocidos son taquínidos. Se trata del grupo más importante y numeroso de parasitoides después de los himenópteros, con cerca de 10.000 especies identificadas a nivel mundial. Parasitan a insectos, muchos de los cuales causan daños en cultivos y masas forestales, de manera que juegan un papel en su control biológico y esto puede llegar a ser muy relevante. Además, tienen una faceta polinizadora no desdeñable, por lo cual son unos insectos que conviene conocer y tener en cuenta.

¿CÓMO SON?

Se trata de moscas de tamaño variable, que va desde los 2 mm hasta el tamaño de moscardones de 2 cm. Independientemente de esto, tienen un aspecto recio. A este aspecto ayuda que, a diferencia de las moscas domésticas y otras parecidas, su cuerpo está cubierto de notables cerdas o pelos gruesos, de longitud desigual y situadas de forma separada, especialmente por su abdomen aunque también por todo el cuerpo incluido el rostro, lo que le confiere una apariencia desaliñada. Nada que ver con otras moscas peludas como los bombílidos (Bombyliidae) de un aspecto aterciopelado, semejante al de abejas y abejorros. Los taquínidos son grises y negros, a veces con colores anaranjados y rojizos en el abdomen, con alguna excepción que muestra una apariencia metalizada.

¿A QUIÉNES PARASITAN?

Ordenados de mayor a menor número de especies, parasitan en primer lugar orugas de mariposas y polillas, seguidas de escarabajos y chinches. Pero prácticamente todos los órdenes de artrópodos –incluidos arañas y escorpiones– tienen moscas taquínidas que los parasitan. Entre los taquínidos que parasitan a orugas se encuentra la especie más grande que tenemos en Europa, como es la *Tachina grossa*, que parasita a voluminosas orugas de la familia de las Sphingidae, como la esfinge de la correhuela *(Agrius convolvuli)*. De tamaño más modesto, la *Exorista larvarum* parasita larvas de la polilla cacoecia *(Cacoecimorpha pronubana)*, frecuente en fresas, arándanos y algunos frutales. *Actia pilipennis* o *Phytomyptera nigrina* parasitan a orugas como la polilla del racimo (*Lobesia botrana*), que se alimenta de los racimos de la vid. La llamativa *Trichopoda pennipes* parasita a chinches como la *Nezara viridula*, conocida como chinche apestosa.

¿CÓMO TRABAJAN?

Tienen una forma de poner los huevos parecida a la de las avispillas parasitoides de pulgón. Pero en este caso no clavan el oviscapto ni inyectan el huevo. Una vez localizado el hospedante, la mosca taquínida se acerca con naturalidad a él. Llegado el momento, levanta sus patas y, arqueando su abdomen bajo ellas, proyecta hacia adelante su oviscapto largo y tubular para pegarle un huevo. El huevo queda entonces adherido y eclosiona rápidamente, en ocasiones casi al instante. Llegado este momento se introduce en el interior del cuerpo mediante un pequeño orificio que produce sin causar daño a la víctima. A partir de ese momento comienza a alimentarse de la hemolinfa, para finalizar por consumir todos los órganos vitales.

Pero no es esa la única estrategia que tiene esta familia de moscas parasitoides para parasitar a sus hospedantes. Hay otras dos formas, cuando menos sorprendentes. La primera es colocando minúsculos huevos sobre las hojas y tallos donde se estén alimentando sus presas. Una vez se los comen el trabajo está hecho, porque eclosionan en su interior. La segunda forma es más épica: las moscas localizan las plantas que están siendo afectadas –por ejemplo, por barrenadores o taladros como el del maíz– mediante el olor de los

▼
Mosca taquínida del género Tachina tomando polen y néctar de una escabiosa en flor.

▲
Mosca taquínida del género Cylindromyia tomando polen y néctar de un mastranzo en flor.

excrementos de estos o del tejido dañado. Colocan sus huevos en la entrada de las galerías y, una vez que salen las larvas de la mosca parasitoide, comienzan un recorrido por ellas hasta dar con la oruga de barrenador. A veces, cuando parasitan a orugas, permiten el desarrollo de estas hasta la fase de crisálida. Normalmente, las larvas de taquínido se tiran a tierra para enterrarse ligeramente y pupar. Pero también pueden hacerlo en el interior de la oruga de barrenador.

Los adultos de estas moscas auxiliares se alimentan de sustancias dulces y azucaradas como néctar y polen, además de la melaza que segregan insectos como pulgones o cochinillas.

▲
Sobre esta chinche escudo (*Nezara viridula*) se observan varios huevos puestos por la mosca taquínida *Trichopoda pennipes*.

POLINIZADORES

Aunque no todas las moscas taquínidas frecuentan las flores, son muchas las especies que lo hacen en busca de néctar y polen para alimentarse. No están a la altura de otras moscas polinizadoras como los sírfidos, pero sí forman parte del complejo polinizador de nuestro vergel. Por este motivo, la vegetación acompañante de nuestros cultivos debe ser cuidada y considerada como parte funcional de su entorno. Entre las plantas en flor que más gustan a los taquínidos están las herbáceas umbelíferas como la zanahoria silvestre (*Daucus* spp., *Ammi* sp.), hinojo (*Foeniculum vulgare*), labiadas como el mastranzo (*Mentha suaveolens*), compuestas como la milenrama (*Achillea millefolium*), euforbiáceas como las lechetreznas (*Euphorbia* sp.), dipsacáceas como la escabiosa (*Scabiosa artropurpurea*) y arbustos como el durillo (*Viburnum tinus*) o el sauzgatillo (*Vitex agnus-castus*).

PISTAS QUE DEBEMOS OBSERVAR

Lo más práctico para valorar su presencia y acción es fijarnos en el aspecto de las orugas y chinches, entre otros insectos que encontremos sobre nuestras plantas. En estos casos, lo primero que nos llamaría la atención serían huevos blancos pegados a su cuerpo. Suelen ser grandes y verse con facilidad a simple vista, mejor si nos ayudamos de una lupa o cuentahílos. Cuando estos huevos eclosionan, la larva de mosca taquínida se introduce en el interior del cuerpo de su hospedante. Durante su desarrollo crea uno o varios orificios al exterior, que le ayudan a respirar. Es algo que se observa mejor en las orugas, que presentan unos puntos negros en algún punto de su cuerpo (dorso o laterales), un poco decolorados en su contorno. Por último, algunos taquínidos pupan en el interior o junto a sus hospedantes ya consumidos, por lo que podemos observar pupas típicas de moscas –con forma de barril– dentro de crisálidas de mariposa o de chinche o bien junto a los restos de la piel vacía de la oruga. En este último caso, sobre los restos, pueden verse en ocasiones los huevos ya vacíos de moscas taquínidas.

▲ A veces nos encontramos la pupa en forma de barril típica de la mosca taquínida junto a los restos de la oruga de la que se ha alimentado.

▼ A esta oruga de cacoecia (*Cacocimorpha pronubana)* le ha puesto un huevo en la cabeza una mosca taquínida.

Cuarta parte

Esta araña se está alimentando de pulgones en este brote de naranjo.

Arañas, importantes depredadoras que no son insectos

▲
Las arañas también emplean la seda para lanzarla al aire y que les sirva de seguro ante el desplazamiento o para moverse con el viento.

1 Depredadoras por naturaleza

ARAÑAS DE VERDAD

Todas las arañas existentes en el mundo son depredadoras. Hoy por hoy conocemos en torno a 45.000 especies diferentes, pero se estima que hay alrededor de 200.000, lo que da una idea de cuánto nos queda por conocer sobre estos animales. Lejos de las especies exóticas que llegan a cazar pájaros o roedores, las nuestras están especializadas en artrópodos (insectos, miriápodos e incluso otras arañas). Es decir, que la comunidad de arañas que se encuentra en el jardín, la huerta o el invernadero, supone una amenaza constante para quienes acuden a alimentarse de las plantas, lo que influye positivamente en el control biológico de plagas. Es por ello que las arañas deben ser siempre bienvenidas en nuestro vergel. No son insectos, sino arácnidos pertenecientes al orden Araneae. De forma resumida, podemos decir que dentro de los artrópodos se encuentran tanto los insectos (clase Insecta) como los arácnidos (clase Arachnida). Y dentro de estos últimos se

Bajo la piedra, entre olivos,
una araña lobo ha construído el nido.

encuentran las arañas (orden Araneae). Este orden Araneae, formado por las arañas, se encuentra entre los diez más destacados en diversidad del mundo, y los segundos con respecto a la clase a la que pertenece, los arácnidos (Arachnida), donde se encuentran englobados también escorpiones, ácaros, garrapatas y opiliones.

Las arañas se caracterizan por tener ocho patas y un cuerpo dividido en dos partes bien diferenciadas; una primera mitad llamada prosoma –donde se encuentran fusionados cabeza y tórax– y una segunda mitad llamada opistosoma que constituye lo que sería el abdomen y donde poseen la glándula que segrega seda. También poseen quelíceros, que son dos piezas bucales articuladas y terminadas en un gancho o colmillo. Con los quelíceros agarran a sus presas y les inyectan el veneno que poseen y utilizan tanto para paralizar como para disolver el alimento. Una vez que produce el efecto, se beben a la presa, ya que no pueden masticar ni tragar comida sólida. Las arañas, conforme van creciendo, van mudando su exoesqueleto, de modo que a veces los podemos ver o encontrar sobre las hojas a modo de trajes de arañas fantasmas, porque sólo ha quedado la cubierta externa de la totalidad de su cuerpo, incluidos los quelíceros.

La araña tejedora de tela por excelencia de las huertas
es la araña tigre (*Argiope bruennichi*).

Las arañas son depredadoras generalistas. Esto significa que también cazan insectos auxiliares como crisopas o sírfidos. No obstante, no influyen negativamente en sus poblaciones, dado que son más abundantes los insectos herbívoros o neutros, con lo que suponen un porcentaje muy bajo en su dieta. Las presas suelen ser de cuerpo blando, como moscas, mosquitos, orugas, mariposas, polillas, pulgones, mosca blanca, cigarritas..., aunque las arañas más grandes atacan a insectos más duros, como escarabajos, a los que pueden atravesar con sus quelíceros.

▲
Típico nido de araña sobre la hoja de un pimiento, plano, de seda más gruesa y más grande que los de crisopa de cera, con los que puede confundirse.

FALSAS ARAÑAS

Las arañas no son ácaros. Los ácaros, junto con las garrapatas, forman la subclase Acari dentro de los arácnidos. Sin embargo, es común llamar "arañas" a los ácaros plaga como, por ejemplo, la araña roja o *Tetranychus urticae*. Esto provoca una desafortunada asociación negativa entre las arañas verdaderas y los ácaros plaga. Curiosamente, los ácaros depredadores, entre los que se encuentran los Amblyseius y Phytoseiulus, no son denominados arañas depredadoras, sino ácaros depredadores, lo que ayuda aún más a reforzar esta confusión y mucha gente relaciona a las arañas con daños en sus plantas. Hemos de concienciarnos y concienciar de que el papel de las arañas es estrictamente depredador y no tiene nada que ver con los ácaros plaga.

▲
Araña roja (*Tetranychus* sp.) sobre la hoja de un tomate. Los ácaros son muy pequeños y lo que veremos son puntitos de color o bien los síntomas causados sobre las hojas.

▲
Tela tejida por el ácaro conocido como araña roja (*Tetranychus* sp.) sobre una hierba de tomatito (*Solanum nigrum*).

▲
Araña saltarina (Salticidae) comiéndose una mosca *Drosophila*.

2 Conociendo las arañas del vergel

UNAS TODOTERRENO

Las arañas son organismos que por su capacidad de adaptación podemos encontrar en todo tipo de ambientes y lugares. De hecho, menos en mar abierto, habitan prácticamente en todos los hábitats posibles. La gran diversidad de especies se traduce en el desarrollo de multitud de estrategias de supervivencia. Poseen una gran capacidad de ayuno, y una elevada resistencia a condiciones ambientales adversas. La seda que fabrican tiene numerosas aplicaciones. La más conocida es la red elaborada para cazar, donde sus presas quedan atrapadas. Pero también la usan para trasladarse de un lugar a otro o como seguro ante una caída, pues segregan un hilo largo y elástico que les ayuda a no caer al vacío o a volar ayudadas por el viento. Otra función importante de la seda es su propia reproducción y la protección de los huevos, formando bolsas u ovisacos que los contienen, las llamadas ootecas. Puede afirmarse que hay una araña para cada

HAZ LA PRUEBA

Puedes comprobar fácilmente la variedad y abundancia de estos depredadores en tu huerta o jardín:

- Coloca un trozo de tela blanca, bandeja o una cartulina debajo de cualquier planta o rama. A continuación, sacúdela breve y enérgicamente.
- Estudia detenidamente el tronco de un árbol, especialmente si es añoso.
- Mira bajo las piedras, troncos o cajas que tengas alrededor.

Sacarás tus propias conclusiones. Solamente así serás consciente de su presencia, distribución e importancia.

◀ Entre las más fáciles de encontrar con frecuencia están las arañas saltarinas (Salticidae), que no tejen tela y son cazadoras muy activas.

rincón de la huerta o jardín. Se encuentran en cualquier parte de la planta, sin importar la altura ni la estructura de esta. El tronco de los árboles también es ocupado por numerosas especies y en la tierra hay tantas en la superficie –bajo las piedras, cajas de fruta u otros elementos– como en galerías que excavan. Los muros de piedra y demás construcciones también son habitados por ellas. Hay incluso una araña acuática que vive bajo el agua creando una campana-refugio de seda donde almacena aire.

TELAS DE ARAÑA

Si por algo se conoce a las arañas es por la producción del hilo de seda con el que se desplazan o "tejen" sus telas. En el opistosoma poseen un órgano biológicamente fascinante, con el cual producen una sustancia de naturaleza proteínica que segregan al exterior en forma de hilo. Es elástico, y puede llegar a ser muy resistente. Aún hoy no lo sabemos todo sobre este material natural que el ser humano tanto ansía producir de forma artificial.

Las arañas pueden segregar varios tipos de seda, según el uso o función que le vayan a dar. El uso más llamativo es la construcción de una red para cazar, como hacen las familias Theridiidae, Linyphiidae o Araneae. Son estas últimas las que hacen las telarañas de forma más geométrica y llamativa. Conforman un marco buscando varias ramas o puntos de apoyo estratégicos y, una vez construido, comienzan a atravesar este marco tirando líneas que confluyen en el centro, como si fueran los radios de una bicicleta, que son las que le dan rigidez y resistencia a la red. Hasta ese momento la seda no es pegajosa, por lo cual los insectos rebotarían. Para rematarla, realiza una espiral con seda pegajosa, que va desde el exterior al centro. Y ahora sí está lista la trampa para insectos voladores. Polillas, mariposas, moscas y saltamontes son las presas más frecuentes, aunque, según el tamaño de la araña y de la red, pueden caer también cigarritas, mosquitos, pequeñas moscas y trips, entre otros.

Las telas de araña requieren esfuerzo y energía en su confección, por lo que una vez construidas las aprovechan al máximo, reparándolas conforme va haciendo falta. También por este motivo las encontraremos en zonas donde no haya mucho paso o alteración diaria, como son setos, vallas, lindes herbosas o ramas de cultivos leñosos.

ARAÑAS SIN TELA

No todas las arañas construyen redes de seda para cazar. Las hay que lo hacen mediante emboscadas o buscando alimento de forma activa. Entre las familias más frecuentes y conocidas están las Lycosidae y Salticidae.

Los licósidos o arañas lobo viven en la tierra, crean madrigueras donde se refugian durante el día, y salen por la noche para cazar insectos y otros organismos terrestres. La madriguera suele tener por entrada un agujero circular sin seda, pero con la hierbecilla de alrededor apelmazada y atada en torno a la entrada. Seguro que alguien de los que estáis leyendo este texto ha sacado alguna vez una de estas arañas introduciendo una pajita en su interior. Estos refugios suelen encontrarse especialmente en cultivos de secano con baja alteración del terreno, como pastizales, campos de cereal, dehesas, olivares y almendros. En cultivos hortícolas o de regadío las encontraremos en

▼ Araña verde de campo (*Micrommata virescens*) sobre la cubierta de un campo de frutales.

EJEMPLOS DE FAMILIAS Y ESPECIES FRECUENTES EN HUERTAS Y JARDINES

ARAÑAS CON TELA DE CAZA		
Familia	**Especies**	**Datos de interés**
Araneidae	*Argiope bruennichi* *Argiope lobata* *Araneus diadematus* *Agalenatea redii*	Las conocidas como arañas tigre. De tamaño grande, tejen telas resistentes. Necesitan zonas con cierta estabilidad para dar soporte y durabilidad a las telas de araña, por lo que abundan en los setos y lindes herbáceas más que en el propio cultivo, donde también pueden verse, sobre todo en árboles frutales.
Linyphiidae	*Erigone dentipalpis* *Hybocoptus corrugis* *Meioneta rurestris* *Tenuiphantes tenuis*	Se trata de arañas pequeñas, por lo que se alimentan de presas pequeñas. Tejen unas telas irregulares.

ARAÑAS SIN TELA DE CAZA		
Familia	**Especies**	**Datos de interés**
Lycosidae	*Lycosa tarantula* *Pardosa* sp.	Llamadas arañas lobo. Tienen una pilosidad notable a simple vista. Su tamaño puede llegar a superar los 2 centímetros y viven sobre el terreno. Abundan en el acolchado a base de restos de poda.
Oxyopidae	*Oxyopes* sp.	Conocidas como arañas lince. Son arañas rápidas y frecuentes entre la vegetación, tanto del cultivo como de la acompañante.
Philodromidae	*Philodromus* sp.	Arañas muy frecuentes en los cultivos tanto herbáceos como arbóreos. Estira las patas y adquiere forma aplanada.
Thomisidae	*Diaea dorsata* *Thomisus onustus* *Xysticus* sp.	Las arañas cangrejo son muy características. Algunas especies se camuflan en las flores adquiriendo el mismo color, como las del género Thomisus. Son arañas que suelen quedarse quietas hasta que alguna presa se les acerque.
Salticidae	*Icius hamatus* *Menemerus semilimbatus*	Arañas saltarinas, llamadas así por la habilidad que tienen para ello. Son muy abundantes en todos los cultivos, especialmente en la copa de los árboles frutales.
Sparassidae	*Micrommata ligurina* *Micrommata virescens*	Conocidas como arañas verdes del campo, frecuentan las hierbas de la cubierta vegetal, cultivos herbáceos y demás vegetación baja, pues no suelen subir demasiado en altura. Se camufla muy bien en la vegetación verde por su coloración.

▲
Esta araña de patas largas (Philodromidae) aguarda en una hoja para cazar insectos.

los bordes de la zona de cultivo. Dentro de esta familia tenemos a la más grande en tamaño, la tarántula europea o *Lycosa tarantula*, que mide unos 4 cm incluidas las patas, aunque no tiene nada que ver con las de Sudamérica.

Los saltícidos o arañas saltadoras son inconfundibles. La primera parte de su cuerpo, el prosoma, es cuadrangular con dos grandes ojos frontales a modo de faros de coche y seis ojos más repartidos trasera, lateral y frontalmente. Sus movimientos son peculiares, pues se mueven con pausas constantes. Cuando encuentra una presa se acerca a ella y, cuando la tiene a tiro, salta encima con gran precisión, atrapándola. Saltan de una rama u hoja a otra y tienen una excelente visión. Son arañas pequeñas, que no llegan a superar el centímetro de longitud y que pueden encontrarse en cualquier lugar del cultivo, sea herbáceo o leñoso. También las podemos ver en paredes y tejados. Son unas cazadoras muy activas y con facilidad se las puede observar cazando sobre nuestras plantas.

▲
La araña tigre de la especie *Agalenatea redii* es preciosa y podemos encontrarla entre la vegetación, como en este cardo, donde realizará su tela de araña.

▲
Las arañas se meten en todos los recovecos del cultivo, como en este caso bajo una hoja rizada de naranjo, en busca de pulgón.

TAMBIÉN SON EL ALIMENTO DE OTROS

Las arañas, por su abundancia, son un recurso alimenticio recurrente, especialmente para numerosas aves, reptiles e insectos, aunque también las comen anfibios, pequeños mamíferos e incluso otras arañas. Hay una fauna especializada en cazar arañas, por ejemplo varios tipos de avispas. Concretamente, las avispas alfareras cazadoras de arañas, del género Sceliphron. Crean unos nidos de barro con celdas apiñadas unas junto a otras, a veces en forma de pequeñas ánforas alargadas o formando bolas del tamaño de una ciruela o incluso mayores. Las llenan de arañas a las que han anestesiado permanentemente para que sirvan de alimento fresco a su descendencia. Estos nidos suelen hacerlos en nuestras construcciones, especialmente en esquinas del interior o marcos de ventanas y puertas. Cabe decir que estas avispas no son sociales, no forman enjambre, y no son agresivas, por lo que rara vez pican. Podemos pensar que estas avispas no son beneficiosas dado que cazan arañas, pero sí lo son de forma indirecta. Una vez que salen los adultos, dejan vacías las celdas y son ocupadas por las avispas albañiles de la subfamilia Eumeninae, que cazan orugas en vez de arañas. Construirán unas tres cámaras dentro de la antigua celda, que llenan con pequeñas orugas. De esta manera llegan a cazar decenas de orugas por nido, con lo que estos nidos vacíos favorecen el anidamiento y la presencia de estos otros auxiliares. En definitiva, unos por otros.

▼
Una araña lobo (Lycosidae) transporta entre los restos de poda triturados su ooteca o saco de huevos.

LA AGRICULTURA ECOLÓGICA LES FAVORECE

No son pocos los estudios científicos que demuestran cómo en los campos de cultivo en que se practica la producción ecológica hay una mayor abundancia de arañas que en los sometidos a aplicaciones de agroquímicos y con un manejo que tiende a la simplificación y no a la diversificación.

Las prácticas agroecológicas, desde la aportación de materia orgánica, a la conservación de lindes, cubiertas vegetales, setos y corredores vegetales, proporcionan una mayor biomasa de organismos de los que alimentarse y un mayor número de microhábitats. Sin hacer prácticas concretas para favorecerlas, cada una de las que hacemos para respetar el entorno favorece a determinadas especies, ¡y recordemos que hay una araña para cada rincón!

Recordemos también que, a pesar de la mala fama y fobia generalizada hacia ellas, las arañas juegan un papel significativo en el complejo depredador del medio donde viven, regulando las poblaciones de herbívoros, lo que retrasa e impide en muchos casos la aparición de plagas. En el caso de poblaciones altas de fitófagos, otros insectos auxiliares trabajan mejor que las arañas como controladores. Pero las arañas regulan y previenen, pues consumen en su conjunto por hectárea y año decenas de toneladas de insectos y otros artrópodos. Por todo lo dicho, nos conviene su presencia entre nuestras plantas.

▲
Las arañas cangrejo (Thomisidae) tienen colores muy llamativos que les ayudan a camuflarse en las flores aunque a veces, como es este caso, nos la encontramos en el tallo de un arándano.

▶
Una araña lince (Oxiopidae) cuida de su ooteca repleta de huevos entre las hojas de una olivarda que forma parte de un seto que atraviesa una huerta. Sus crías, depredadoras de nacimiento, se distribuirán por toda ella.

Quinta parte

Cómo favorecer a los insectos auxiliares en el huerto y el vergel

▲
Rodeada de setos y arbustos frutales, en bancales elevados se combinan hortalizas diversas y flores, en una tierra fértil y cubierta de acolchado orgánico.

1 La gestión naturalista del vergel. Cómo acoger a los auxiliares

Siempre encontraremos insectos auxiliares a nuestro alrededor y, según las características del entorno y el momento del año, serán más o menos abundantes y diversos. En agricultura y jardinería el entorno está muy influenciado por nosotros, por lo que sus características dependen en gran medida de nuestra mano. Pero, ¿cómo es el vergel ideal?, ¿qué características debe presentar el entorno para contar con una abundante y diversa comunidad de auxiliares durante el mayor tiempo posible? Antes de abordar esta cuestión debemos conocer cuáles son las necesidades de los auxiliares, de modo que podamos actuar en consecuencia y crear un entorno que las satisfaga. La primera pregunta que debemos hacernos es: ¿cuáles son las necesidades de los auxiliares?

¿CUÁLES SON LAS NECESIDADES DE LOS AUXILIARES?

La respuesta no es complicada ya que las necesidades de los auxiliares son las mismas que las de cualquier otro ser vivo. Podríamos resumirlas en tres:

Necesitan alimento. Su alimento son presas en el caso de los depredadores, y hospedantes en el caso de los parasitoides. Insectos, ácaros, gasterópodos y otros organismos vivos en todas sus fases, desde huevo, larva o ninfa, pupa y, por último, adulto.

También necesitan alimento de origen vegetal, como néctar y polen. Para algunos auxiliares supone un importante y necesario complemento o sustituto en caso de que no haya presas, como para la Orius o chinche de las flores, las mariquitas y las crisopas. Para otros auxiliares las plantas son vitales, porque en un momento determinado de su ciclo su dieta está basada únicamente en néctar y polen. Por ejemplo, los adultos de moscas de las flores y de avispas depredadoras y parasitoides. Vemos entonces que son varios los modelos de alimentación que pueden darse.

EJEMPLOS DE MODELOS DE ALIMENTACIÓN DE DEPREDADORES Y PARASITOIDES

Depredadores	**Orius**	Adulto	Presa Néctar y polen
		Larva	Presa Néctar y polen
	Sírfido	Adulto	Néctar y polen
		Larva	Presa
	Cantárido	Adulto	Presa Néctar y polen
		Larva	Presa
	Carábido	Adulto	Presa
		Larva	Presa
Parasitoides	**Escólidos**	Adulto	Néctar y polen
		Larva	Hospedante
	Eretmocerus	Adulto	Néctar y polen Presa (picadura alimenticia)
		Larva	Hospedante

▲
El polen es uno de los recursos alimenticios más necesarios para la gran mayoría de los insectos auxiliares.

Necesitan refugio o zonas de reposo. Las condiciones ambientales de humedad y temperatura varían tanto espacial como temporalmente. Estas condiciones influyen de forma determinante en la actividad de los insectos auxiliares, y sus necesidades también varían a lo largo del día y durante el transcurso del año. Por ejemplo, en la fase de pupa o larva pueden necesitar zonas resguardadas, menos expuestas. De modo que necesitan disponer de lugares o espacios cercanos donde encuentren el confort deseado. Por ejemplo, los escarabajos tigre o cicindélidos necesitan zonas despejadas donde calentarse al sol a primera hora de la mañana antes de iniciar su actividad. Y las mariquitas requieren de huecos, grietas y zonas resguardadas para pasar los días o meses fríos durante el invierno. En otros casos, si tienen costumbres nocturnas o crepusculares, necesitan un lugar donde refugiarse durante el día. Si además son sensibles a las altas temperaturas y baja humedad, como es el caso de escarabajos errantes o luciérnagas, ese lugar debe reunir las condiciones adecuadas.

A veces necesitan refugio cuando el medio sufre alteraciones. Pueden ser alteraciones físicas, como cuando se cosechan cultivos anuales o cuando se produce la caída de hojas en árboles caducos. O pueden ser alteraciones químicas,

▲
La floración estimula la reproducción de muchas especies, como por ejemplo el escarabajo soldado (*Rhagonycha fulva*) que abunda sobre este eneldo silvestre (*Ridolfia segetum*) en flor.

como sucede tras la aplicación de un tratamiento, aunque sea ecológico. Estas zonas de refugio son claves para que los auxiliares se mantengan cerca del área de cultivo durante todo el año.

Necesitan reproducirse. El momento de la reproducción es de gran importancia, ya que asegura la continuidad y el incremento o mantenimiento del control biológico que ejercen los auxiliares. Está muy relacionado con las necesidades anteriores. Disponer de una buena alimentación asegura una mayor fecundidad y número de huevos viables, y la disponibilidad de lugares para refugio y reposo adecuados garantiza la permanencia y disponibilidad del máximo de energía para la tarea reproductiva. En algunos casos las zonas de refugio coinciden con el lugar adecuado para la reproducción, como la mayoría de insectos auxiliares terrestres que se ocultan bajo piedras, montones de materia orgánica u otros elementos sobre el terreno como carábidos, luciérnagas o estafilínidos. Sin embargo, otros requieren de lugares distintos o específicos. Por ejemplo, los cantáridos o escarabajos soldado se aparean sobre las flores mientras que los huevos son puestos en la tierra. Y las libélulas, de vida aérea cuando adultos, necesitan de agua donde poner sus huevos.

Estas tres necesidades –alimento, refugio, reproducción– no son independientes unas de otras, sino que están relacionadas entre sí: una mayor disponibilidad de alimento, y su calidad, influirán en una mejor reproducción, y la reproducción puede estimularse según las condiciones que presente el refugio que encuentren, un refugio que además puede suministrar alimentación alternativa.

▶
Los muros y acumulaciones de piedra son un refugio para numerosos insectos útiles y otros animales de interés.

¿CÓMO ES EL VERGEL IDEAL?

Si respondiera un insecto auxiliar, diría algo así como "mi vergel ideal es aquel donde pueda encontrar alimento cuando lo necesite y refugio de calidad, además de zonas donde poder reproducirme de forma plena". El vergel ideal debe cubrir las necesidades de los auxiliares de forma satisfactoria durante todo su ciclo, incluidas las fases de huevo y pupa.

Para acercarnos lo máximo posible al vergel ideal no debemos poner en práctica todo aquello que leamos o se nos ocurra sobre la marcha. Debemos observar y analizar nuestro entorno, ser conscientes de nuestras condiciones, para actuar según las características que presente. Preguntémonos: ¿quiénes son los auxiliares presentes en nuestra zona que más nos interesan?, ¿cuáles son sus necesidades para actuar en consecuencia? Debemos ser observadores constantes e ir modificando e implementando a lo largo del tiempo las medidas oportunas, ya que el entorno es cambiante (climatología, especies cultivadas, especies no cultivadas, insectos y otros animales...). El reto es aumentar el control biológico y llevarlo a un nivel satisfactorio o lo más cercano posible a este. Es un reto de lo más interesante, implica conocer el funcionamiento de todos los elementos que componen nuestro entorno, un conocimiento que iremos adquiriendo con la observación.

Las luciérnagas requieren de zonas de resguardo con cierta humedad para pasar el día y reproducirse, como el espacio creado bajo piedras o troncos.

APROVECHAR EL POLEN DE LAS HORTALIZAS EN FLOR

Siempre que sea posible, una vez aprovechados los cultivos hortícolas, podemos dejarlos florecer y que permanezcan en el terreno un poco más. De este modo aprovechamos el espacio y el tiempo. Dejan de producir para nosotros, pero pasan a producir para nuestros auxiliares, lo que indirectamente sigue beneficiándonos. Ganamos tiempo, esfuerzo y compartimos recursos con ellos. Tal es el caso de la acelga, por ejemplo, una quenopodiácea que como tal no tiene una floración llamativa, pero genera una gran cantidad de polen muy atractivo para escarabajos soldado, mariquitas varias y diversos parasitoides, entre otros. Además, los tallos florales de la acelga son muy apetecibles para los pulgones, lo que hace que estos auxiliares encuentren todo lo necesario para alimentarse, lo que estimula su reproducción y proliferación en la zona. Lo mismo puede hacerse con las cebollas, puerros, alcachofas, zanahorias, apio, rúcula o cualquier otra que florezca tras su aprovechamiento; o de las que podamos dejar algún ejemplar aislado para que aprovechen nuestros auxiliares. Si han semillado y en el próximo ciclo, siembra o estación germinan entre el nuevo cultivo que sembremos, podemos dejar algunas, si no estorban en exceso, para que cumplan su función como reservorio y lugar de refugio o de mayor interés respecto a los demás cultivos.

UNA FINCA BIODIVERSA EN UN ESPACIO LLENO DE VIDA

¿Dónde localizar y observar con mayor probabilidad a nuestros insectos auxiliares?

1. Coccinélidos, **2.** Estafilínidos, **3.** Carábidos, **4.** Escarabajos tigre, **5.** Cantáridos, **6.** Luciérnaga, **7.** Crisopas, **8.** Hormiga león,

9. Mantis, 10. Orius, 11. Chinche damisela, 12. Chinche asesina, 13. Avispa alfarera, 14. Avispa excavadora, 15. Sírfidos, 16. Mosquito depredador, 17. Libélulas y caballitos del diablo, 18. Avispas parasitoides, 19. Escólidos, 20. Mosca taquínida

Para entender la importancia del entorno de los cultivos pongámonos por un momento en el lugar de un insecto auxiliar. Por ejemplo, soy un sírfido y me alimento de pulgones, pero no los encuentro en el cultivo, ¿dónde podría encontrarlos?; necesito polen, pero no lo encuentro en el cultivo, ¿dónde podría encontrarlo?; hace mucho frío y no puedo ni desplazarme ni comer, pero no encuentro un refugio en el cultivo, ¿dónde podría encontrarlo?; no encuentro en el cultivo un lugar donde hacer la puesta y donde mis larvas puedan alimentarse, ¿dónde podría encontrarlo?; el cultivo está siendo tratado y necesito un lugar donde protegerme, ¿dónde podría encontrarlo?

Este ejercicio de empatía suele ser muy revelador.

PREPARAR EL HUERTO PARA ACOGER A LOS AUXILIARES

Lo primero que debemos tener en cuenta es el espacio y el tiempo. Si no disponemos de mucho espacio tendremos que ser más creativos e incluso permisivos a la hora de generar o crear biodiversidad funcional, ya que el cultivo, las especies acompañantes y demás elementos convivirán de forma más estrecha, lo que puede favorecer a aquellas que más nos interesen. Pero se ha de ser selectivo en la medida de lo posible, sin promover

▲
Líneas de cultivo que se intercalan con líneas de hierbas y flores. Las necesidades de muchos auxiliares estarán cubiertas en el área de producción.

▼
En las cabezas de las calles de este campo de cítricos se han conservado las hierbas compuestas que han salido de forma natural, por tener una alta funcionalidad a la hora de atraer organismos beneficiosos.

la presencia de sólo dos o tres especies, sino promoviendo una rica comunidad funcional de vegetación complementada con prácticas agroecológicas, como el mantenimiento y aporte de materia orgánica al terreno, así como la creación de diferentes refugios artificiales. En cuanto al tiempo, debemos valorar los recursos disponibles para los auxiliares en relación con este. Es decir, ¿cuándo nos interesa disponer de polen, néctar, presas alternativas o refugio? Es necesario hacerse esta pregunta cuando nos planteemos realizar siembra o plantación de especies vegetales. Debemos contar con vegetación durante el periodo en que no haya vegetación cultivada en el terreno, en el caso de que se trate de hortalizas o incluso frutales de hoja caduca. Y lo idóneo es que haya especies con floración durante este periodo. Normalmente, la vegetación arvense –la espontánea del lugar– suele cubrir las necesidades, pero para enriquecerla podemos añadirle algunas de las especies que veremos en el siguiente capítulo.

CREAR Y APROVECHAR EL ESPACIO

Hemos de tener en cuenta todos aquellos espacios no productivos para hacerlos funcionales. Está claro que podemos trabajar en las lindes y las zonas entre parcelas, y que podemos restaurar o conservar los corredores biológicos que existan en el interior de nuestra huerta o finca. Pero hay más espacios a tener en cuenta.

En cultivos leñosos como los frutales, olivos, cítricos y viña, entre otros, las cabezas de línea de plantación son un lugar idóneo para la siembra de especies herbáceas atractivas. Sirven de vía de entrada para insectos auxiliares al cultivo, distribuyéndose a través de la imprescindible cubierta vegetal, a modo de autopistas biológicas que se infiltran en el interior de la plantación. Si, además, tenemos riego, estas plantas pueden beneficiarse del final de la línea de goteo. Un mantenimiento puntual al año ayudará a mantener la vegetación que nos interesa y a la resiembra natural o manual.

En el caso de las hortalizas es una opción interesante utilizar los inicios de línea, pero en este tipo de cultivos la cubierta vegetal no es compatible o recomendable. Por esta razón bien pueden intercalarse a lo largo de la línea de cultivo especies herbáceas funcionales o sembrarlas o plantar líneas enteras cuando la vegetación natural no sea interesante. Esta última opción sacrifica espacio de cultivo, pero si podemos hacerlo servirá para aumentar el control biológico. Favorecerá el flujo de auxiliares hacia las zonas internas de la parcela, más cerca de los focos de organismos problemáticos que puedan surgir.

Para los invernaderos y el cultivo en túneles, como los de frutos rojos (fresas, arándanos, moras y frambuesas), los laterales son espacios a tener en cuenta. En el interior pueden intercalarse con el cultivo e incluso introducir macetas sembradas que pueden retirarse y cambiarse de sitio en caso necesario. En el caso de los túneles, pueden emplearse las patas de estos, que son los anclajes entre uno y otro. Esa zona no es cerrada como el centro del túnel. Cae en ella el agua de lluvia, así como la del rocío, por lo tanto podemos crear a lo largo de toda la pata del túnel un corredor con vegetación floral que goce de cierta humedad sin necesidad de colocar riego.

▲ Los corredores de hierbas silvestres son una buena manera de dividir tablas de cultivo y conectar con las lindes, pues favorece el flujo de insectos beneficiosos.

▲
En un rincón del huerto o vergel un grupo de plantas en flor que ayudan, como la consuelda, la borraja, aguileña…

2 Plantas que ayudan

¿POR QUÉ HAY PLANTAS QUE ATRAEN MÁS QUE OTRAS A LOS AUXILIARES?

Ya sabemos que los auxiliares (depredadores y parasitoides) tienen unas necesidades a lo largo de su ciclo vital que son alimentación, refugio o zonas de reposo y para reproducirse. Estas necesidades son constantes y vitales. El entorno donde se encuentren debe cubrirlas o de lo contrario perecerán o se movilizarán hacia otras zonas con más oportunidades para ello. La materia orgánica (estiércol, compost, restos de cultivo, restos de poda...), el agua (charcas temporales, arroyos, humedales, abrevaderos...), elementos inertes del entorno (piedras, troncos, muros...) son lugares donde muchos de nuestros aliados buscan cubrir sus necesidades. Pero las hierbas y otras plantas acompañantes de los cultivos suponen para la mayoría un lugar donde satisfacer las necesidades en determinados momentos o, incluso, durante todo su ciclo.

Una planta tiene más poder de atracción que otra sobre un insecto auxiliar tanto en cuanto sea capaz de cubrir sus necesidades en ella. Y para esto, las plantas ofrecen una serie de servicios y poseen unas características, potenciadas más en unos casos que en otros, que hacen las delicias de nuestros aliados allí donde se encuentren. Sin duda, la presencia de los auxiliares y su papel en el control biológico de plagas pasa por la presencia de vegetación en el entorno inmediato del cultivo, por lo que, cuanto más diversa sea, más recursos y oportunidades tendrán.

FLORES

Centrémonos en las plantas polinizadas por insectos o entomófilas. La flor es un órgano extraordinario en su diseño y estructura mediante el cual estas plantas atraen a sus polinizadores ofreciéndoles recursos en forma de néctar y polen. Una relación mutua en la que el insecto obtiene recursos y la planta un servicio como es la polinización. Los auxiliares que nos proporcionan control biológico, al depredar o parasitar a otros insectos o ácaros dañinos, visitarán las flores puntualmente a lo largo de su ciclo para complementar su alimentación con los recursos que estas ofrecen, como por ejemplo Orius, crisopas y coccinélidos. O bien tendrán dependencia absoluta durante una fase concreta de su ciclo. Por ejemplo, los adultos de sírfidos o las hembras de cantáridos en su fase de reproducción. A diferencia de las abejas, las mariposas o las polillas, estos auxiliares no presentan largos aparatos bucales, por lo que buscarán flores en las que sus recursos estén fácilmente accesibles. Algunos ejemplos los tenemos en las umbelíferas, las compuestas, las brasicáceas o algunas borragináceas y quenopodiáceas. Por el contrario, las labiadas y fabáceas son más afines a las abejas al tener el néctar más profundo. Esto es lo que se conoce como síndrome floral, es decir, que por las características de la flor sabremos quiénes tienen más papeletas para ser los polinizadores principales.

El color es una herramienta más que las flores utilizan para fidelizar a los insectos, con colores vivos, saturados, brillantes. Los colores azules, violetas, morados... son más atractivos para las abejas, que también visitan flores blancas o amarillas. Pero auxiliares como los sírfidos prefieren flores blancas y amarillas. No obstante, también acuden a flores moradas o azules. Por ejemplo, la borraja –que, si observamos bien su flor, no es del todo azul–, tiene un círculo blanco central donde se concentran los recursos.

Para otros auxiliares, como los Orius, son indiferentes los colores (además de la forma), pues se centran en la cantidad y calidad de los recursos disponibles.

▲ Plantas como el girasol gustan a Orius donde encuentra buena provisión de polen al igual que otros auxiliares.

▶ Las hierbas secas, ramas y piedras son el lugar preferido de puesta de las mantis.

ALGUNOS EJEMPLOS DE BUENA AFINIDAD ENTRE PLANTAS FLORIDAS Y AUXILIARES

Familia	Nombre	Auxiliares afines
Umbelíferas	[1]Zanahoria silvestre (*Daucus carota* ssp., *Torilis arvensis*). [2]Neldo (*Ridolfia segetum*). [3]Hinojo silvestre (*Foeniculum vulgare*). [4] Cicuta (*Conium maculatum*). [5] Cardo corredor (*Eryngium campestre*).	[1,2,4]Cantáridos (*Rhagonycha fulva* y otras), [1,2]crisopas, [1,2,4]sírfidos, [1,2,3,5]avispas cazadoras (Fam. Sphecidae), [5] escólidos y [1,2,3,4]avispas parasitoides, [1,2,3,4]coccinélidos.
Compuestas	[1]Margaritas (*Chrysanthemum* spp.). [2]Milenrama (*Achillea millefolium*). [3]Cerraja (*Sonchus oleraceus*). [4]Hipérico (*Hypericum perforatum*). [5]Cardos (*Cynara* spp., *Silybum* spp., *Cirsium* spp. y otras). [6]Girasol (*Helianthus annuus*), [7]olivarda (*Dittrichia viscosa*).	[1,2,3,4,7] Sírfidos, [5]cantáridos (*Rhagonycha fulva* y otras), [3,4,5]avispas parasitoides, [5,6,7]Orius (*Orius laevigatus* y otras), [1,2,5,6]coccinélidos, [5]escólidos [1,2,3,4,5,6,7]crisopas.
Crucíferas	[1]Jaramagos (*Diplotaxis erucoides, Sinapis alba* y otras). [2]Aliso marítimo (*Lobularia maritima*).	[1,2]Sírfidos, [1,2]Orius (*Orius laevigatus* y otras), [1]coccinélidos, [1]crisopas, [2]chinches damiselas (Fam. Nabidae).
Borragináceas	[1]Borraja (*Borago officinalis*), [2]Heliotropo (*Heliotropium europaeum*).	[1,2]Sírfidos, [2]avispas alfareras (Subfam. Eumeninae), [2]avispas cazadoras (Fam. Sphecidae)).
Labiadas	[1]Mastranzo (*Mentha rotundifolia* var *suaveolens*).	[1]Orius (*Orius laevigatus* y otras), avispas excavadoras (Fam. Sphecidae), escólidos.
Dipsacáceas	[1]Escabiosa (*Scabiosa artropurpurea*).	[1]Moscas taquínidas (Fam. Tachinidae).

* Por cada familia, las plantas tienen asignado un número, que se repite en los auxiliares afines, indicando la planta o plantas por las que estos tienen predilección cuando están en flor.

NÉCTAR Y POLEN

Cuando hablamos de auxiliares, el néctar y el polen siempre están en la conversación. Veamos por qué. El néctar es una sustancia dulce compuesta básicamente por azúcares como glucosa, sacarosa y fructosa, además de por sales minerales. Suele dispensarse en la base de la flor, en la zona profunda, con lo que obliga a quien lo busque a pasar primero por los estambres donde se localiza el polen, siempre por delante y más accesible. La idea de las plantas es ofrecer un néctar de primera a sus clientes para que estos, manchados de polen, se lo lleven a otra planta de la misma especie a la que acudirán buscando ese néctar de primera. Esa fidelización es la clave del éxito para la polinización. Mariposas y abejas son grandes expertas y consumidoras de néctar.

Para los depredadores y parasitoides no es tan importante el néctar en comparación con el polen. Mientras el néctar es una bebida refrescante y energética, el polen es un alimento clave para la gran mayoría. Es rico en proteínas, además de contener lípidos, vitaminas y minerales. Depredadores como las mariquitas (Coccinellidae), las chinches de la flor u Orius (Anthocoridae), los escarabajos soldado (Cantharidae), los sírfidos (Syrphidae), las crisopas (Chrysopidae) y los ácaros depredadores (Phytoseiidae) necesitan complementar con polen su dieta a base de insectos para desarrollarse de forma plena. Y también un recurso de supervivencia en caso de escasa o nula disponibilidad de presa. Pero no basta con tener disponibilidad de polen. La riqueza en proteínas y demás componentes es diferente según la especie de planta. Por ello, la diversidad de especies vegetales es fundamental para evitar carencias producidas por una alimentación pobre. Por ejemplo, es conocido que Orius puede completar su ciclo a base de pólenes en ausencia de presas. Sin embargo, las ninfas no llegan a completar su fase y llegar a adultos si se alimentan solamente a base de polen de una planta tan común como la mercurial (*Mercurialis annua*).

En la regla de que a la mayoría les interesa más el polen que el néctar se dan excepciones en cuanto a las preferencias comentadas. De modo que podemos ver sírfidos alimentándose del polen de flores de plantas como la viborera (*Echium plantagineum*). Aunque la flor sea morada, tenga forma tubular y su polinización sea mayoritariamente realizada por abejas que buscan el néctar interior, los sírfidos como *Eupeodes luniger* se quedan a las puertas, donde asoman las anteras repletas de polen.

También puede darse otro caso, como el de la chinche damisela (*Nabis pseudoferus ibericus*), a la que podemos ver sobre numerosas plantas en busca de presas. No toma polen a menos que sus presas lo lleven encima. Gusta frecuentar plantas como el mastranzo (*Mentha rotundifolia* var *suaveolens*) o el aliso marítimo (*Lobularia maritima*) en el que puede observársele en determinadas ocasiones tomando sorbos de dulce néctar de las florecillas. Al ser un insecto grande y tener un estilete fino y largo –los estambres casi ni los toca– la polinización es prácticamente nula.

◂ Las flores amarillas son muy atractivas para los auxiliares, pero también las azules, como las de la borraja (*Borago officinalis*).

EL VALIOSO POLEN DE GRAMÍNEAS

Las gramíneas no tienen flores hermosas y llamativas repletas de dulce néctar. Al fin y al cabo, no tienen que llamar la atención de nadie porque el viento se encarga de diseminar su polen. Es la conocida como polinización anemófila. Sin embargo, el abundante polen que producen es muy apreciado por depredadores como las mariquitas (Coccinellidae), las chinches de la flor u Orius (Anthocoridae), los ácaros depredadores (Phytoseiidae) y los parasitoides (como Trichogrammatidae o Ichneumonidae) pues es un recurso alimenticio fundamental. Estos auxiliares acuden a las gramíneas para alimentarse directamente de su polen, o bien lo consumen tras ser trasladado y depositado por el viento. Por ejemplo, sobre las hojas o frutos de árboles y otras plantas del entorno. De este modo, organismos auxiliares que no son insectos, como los ácaros depredadores, se ven también favorecidos. Por ejemplo, *Euseius stipulatus* puede aumentar su población sobre la vegetación a base del polen de maíz del entorno depositado sobre las hojas. De este modo el maíz es interesante ponerlo en cordones en campos de frutales, como también son interesantes las cubiertas de gramíneas: festuca (*Festuca arundinacea*) y vallico (*Lolium* spp.) en frutales y cítricos.

DISPONIBILIDAD DE PRESAS

Si hablamos de depredadores y parasitoides, tenemos que hablar de las presas de las que se alimentan. En lo primero que pensaremos es en las que suponen un problema para nuestros cultivos por alimentarse de ellos: las plagas. De modo que situamos a los auxiliares sobre el cultivo. Pero ¿qué pasa cuando no hay plagas?, ¿o cuando sobre el cultivo no hay presas o son muy escasas?

Tienen dos opciones. La primera, marcharse, si pueden, a otro lugar en busca de recursos alimenticios porque en el entorno inmediato no los encuentran. De este modo dejarán nuestro cultivo y nuestra finca. La segunda opción es quedarse en busca de presas y otros alimentos alternativos (como polen y néctar) porque lo encuentran en el entorno inmediato. La segunda opción es la más deseable, ya que se quedarán en nuestro vergel continuando allí su vida y estando cerca cuando haya insectos problemáticos. ¿Y dónde encuentran los depredadores y parasitoides esas presas en el entorno inmediato al cultivo? Pues en las plantas que los rodean. Y las hay que tienen una especial afinidad con determinados insectos, convirtiéndose en despensas seguras. Comentemos algunos ejemplos interesantes.

El pulgón es uno de los insectos al que más auxiliares afecta y son muchas las especies presentes en las hierbas y otras plantas de los agroecosistemas. Hay especies auxiliares, como la conocida mariquita de 7 puntos, que consumen gran cantidad de diferentes especies de pulgón. Sin embargo, los pulgones pueden contener sustancias tóxicas o repelentes como alcaloides y otros, que obtienen de las plantas nutricias. Es el caso del pulgón amarillo de la adelfa (*Aphis nerii*), depredado frecuentemente por los coccinélidos mariquita de adonis (*Hippodamia variegata*) y la mariquita de coloretes (*Exochomus nigromaculatus*), pero difícilmente veremos a la mariquita de 7 puntos comérselos. Sin embargo, sí que se come con gran avidez al pulgón de las leguminosas (*Acyrthosiphon pisum*).

Resulta curioso cómo el mismo pulgón en diferentes plantas produce un efecto diferente en la mariquita. Cuando se alimenta de este pulgón sobre la alfalfa, sobreviven más larvas, se desarrollan más rápido y los adultos son más grandes que si se los come sobre el haba.

▲
Los sírfidos necesitan polen para su reproducción y este lo encuentra en una flor de hipérico.

Las gramíneas no tienen una floración muy visual pero producen un polen que puede ser muy interesante para determinados auxiliares.

Las presas, siendo las mismas, contienen diferentes valores nutricionales según la planta de la que se alimenten. Siguiendo con los mismos ejemplos, el pulgón amarillo de la adelfa también es alimento de sírfidos, crisopas y avispillas parasitoides de pulgón –como *Lysiphlebus testaceipes*– que afectan a pulgones típicos en cultivos como *Aphis gossypii, Myzus persicae, Toxoptera aurantii* o *Aphis fabae*. El pulgón de las leguminosas es muy atractivo para los depredadores, incluido el mosquito depredador (*Aphidoletes aphidimyza*), que también encontraremos sobre el madroño (*Arbutus unedo*) alimentándose de su pulgón (*Wahlgreniella nervata*). Las gramíneas tienen pulgones afines como *Rhopalosiphum* spp., *Sitobion avenae* o *Schizaphis graminum* convirtiéndose en un buen reservorio para los depredadores y parasitoides de estos insectos, además de que la cebada es una cubierta de interés en los cultivos arbóreos. Igualmente, la acelga silvestre (*Beta vulgaris* var. *maritima*) en la primavera se llena de pulgón negro (*Aphis fabae*) al que acuden siempre mariquitas, cantáridos y parasitoides.

Las orugas suelen ser fijas en leguminosas como la alfalfa o la unciana (*Dorycnium rectum*), que son un buen lugar de caza para chinches depredadoras de nábidos, míridos o antocóridos. Plantas como el heliotropo (*Heliotropium europaeum*) o los cardos (*Carduus* spp., *Cynara* spp.) son refugio del minador *Liriomyza* sp., hospedante de parasitoides cuando no encuentran ninguno en las hortalizas. El mastranzo atrae a la mosca blanca que se desarrolla sobre él, pues es un lugar de cría y alimentación preferido para auxiliares como Orius o parasitoides como *Encarsia* sp. y *Eretmocerus* sp.

Son algunos de los muchísimos ejemplos de plantas donde los auxiliares encuentran presas cuando no las hay en el cultivo o cuando este no se encuentra en el terreno. Ponen en valor la importancia de la diversidad de especies vegetales en el agroecosistema, donde los auxiliares puedan localizar presas alternativas con garantías suficientes como para completar su ciclo biológico y ejercer su beneficioso papel en nuestro entorno.

MICROCLIMAS GRACIAS A REFUGIOS PARA PUESTA Y ANIDAMIENTO

¿Quién no ha sentido alivio al sentarse bajo una gran higuera o nogal un día de sol abrasador? ¡Cómo se agradece que bajo su copa se cree un microclima fresco que aísla del calor exterior! Lo mismo les sucede a los insectos, pero a menor escala. Tanto en verano como en invierno buscan resguardo del calor, del frío, del viento..., especialmente cuando el cultivo se ha cosechado, ha perdido la hoja o bien no ofrece las condiciones idóneas para refugiarse. Hay insectos, como los sírfidos, que en los días fríos o ventosos quedan adormilados y protegidos en la vegetación. Un ejemplo fácil de verificar es el de la cardencha (*Dipsacus fullonum*), y también el de la hierba de Santiago (*Senecio jacobaea*). Cuando vegetan y florecen en pleno verano, se llenan de la mariquita negra *Scymnus apetzi*, que busca resguardo en estas plantas porque en el entorno la mayoría de hierbas están ya agostadas. Además, encuentra pulgones y polen, todo un oasis. No solamente buscan refugiarse sino un sitio donde poder criar; Orius pone los huevos en los tejidos blandos vegetales, sin causar daño. Especies como el aliso marítimo o el mastranzo proporcionan esos tejidos blandos donde poner los huevos sin esfuerzo. Sus ninfas, además de presas y polen de los que alimentarse tienen a su disposición polen con el que complementar su dieta por su floración atractiva y prolongada.

Otro ejemplo de recurso que puede servir tanto de refugio como de lugar de anidamiento es el de las agallas, en este caso para los parasitoides. Conocida es la agalla producida por la mosquita *Myopites stylata* sobre la olivarda (*Dittrichia viscosa*) y cuyas larvas son parasitadas por avispillas parasitoides de moscas como la del olivo. Las agallas se convierten en guarderías para los parasitoides.

Por último, las mantis necesitan estructuras firmes que superen el invierno donde colocar sus ootecas repletas de huevos. Hierbas como la olivarda o el hinojo, además de arbustos y árboles, son ejemplos de lugares donde hacer las puestas.

ESPECIES HERBÁCEAS DE INTERÉS

Hay especies cultivadas que, entre otros usos, son empleadas para coberturas vegetales y abonos verdes y sobre ellas hay mucha información disponible hoy día. Me refiero a leguminosas como habas, altramuz o alfalfa y a cereales como la cebada. Son unos clásicos para el estímulo de parasitoides de pulgón, por ejemplo. También otros como el maíz y el girasol son una fuente de polen muy atractiva, además de ser hospedantes de presas alternativas. Pero, la mejor vegetación

◄ Los pulgones de las gramíneas son interesantes para favorecer a los parasitoides y depredadores de pulgón, de ahí que suelan usarse para las cubiertas vegetales.

es la arvense, la que va surgiendo adaptada al terreno y a las condiciones ambientales. Es lo ideal para cubiertas vegetales o para crear otras infraestructuras ecológicas, ya que un buen banco de semillas se reflejará en una alternancia de especies y recursos durante todo el año. Además, puede enriquecerse al añadir semillas de determinadas especies que se den bien en nuestra zona aumentando así la funcionalidad.

Según el tipo de planta del que se trate –en caso de que vayamos a intervenir sembrando o respetando zonas herbáceas y floridas–, hay que tener en cuenta su desarrollo y necesidades. De este modo, habrá especies que sean adecuadas para unos lugares pero no para otros, o bien estorbarán antes de tiempo. En el cuadro de la página siguiente mostramos algunos ejemplos de hierbas ampliamente conocidas, así como sus ubicaciones idóneas, algunas características y observaciones que puedan ayudarnos a enriquecer nuestro entorno de cara a estimular la presencia y permanencia de los insectos auxiliares.

ESPECIES ARBÓREAS Y ARBUSTIVAS DE INTERÉS

Los árboles y arbustos, en comparación con las hierbas, ofrecen grandes espacios con multitud de refugios y con un microclima acogedor para muchos auxiliares a lo largo del año, además de presas y hospedantes alternativos. Algunas especies tienen una floración muy atractiva, con néctar y polen de calidad. Sin embargo, tienen el inconveniente de que requieren mayor espacio, y además permanente, respecto a la vegetación herbácea. Esto que *a priori* puede darse por hecho, debemos tenerlo muy en cuenta a la hora de plantar un árbol o arbusto, porque lo pondremos siendo una pequeña planta, pero crecerá en altura y en anchura y podemos llevarnos sorpresas inesperadas conforme pasen los años. Por lo tanto, debemos hacer un ejercicio de imaginación a la hora de diseñar setos, grupos o de plantarlos de forma individual en las zonas de cultivo, como lindes, medianías de parcelas, zonas improductivas, etc. Debemos visualizar el desarrollo futuro de las especies que plantemos. De esta forma evitaremos tener que eliminarlos o podarlos mal en el futuro. Por la misma razón, tendremos que calcular bien la distancia entre los ejemplares

Tanto la cardencha (*Disapcus* sp.) como la hierba de Santiago (*Senecio jacobaea*), que vemos a la izquierda, sirven de reservorio durante el verano para insectos como esta mariquita negra (*Scymnus* sp.) de la foto de arriba.

PLANTAS INTERESANTES PARA LOS AUXILIARES

Nombre común	Nombre científico	Ubicación idónea	Floración	Observaciones
Familia de las Asteráceas o Compuestas				
Olivarda o altabaca	*Dittrichia viscosa*	Cabezas de línea de cultivo, lindes, taludes, bandas permanentes.	Verano-otoño	Resiste secano. Gran floración otoñal. Pulgón específico como *Uroleucon inulae*. Estructura vegetal permanente todo el año. Auxiliares frecuentes: depredadores y parasitoides de pulgón, chinche verde (*Macrolophus* spp.) y mantis. Parasitoides de moscas de la fruta y olivo.
Tanaceto	*Tanacetum vulgare*	Cabezas de línea de cultivo, lindes, taludes, bandas permanentes.	Verano-otoño	En invierno se seca para rebrotar en primavera. Auxiliares frecuentes: crisopas, coccinélidos, Orius y avispillas parasitoides.
Cardos	*Cirsium* spp., *Cynara* spp., *Onopordum* spp., *Carduus* spp., *Silybum* spp. *y otros*	Lindes, taludes, bandas florales.	Primavera-verano	Auxiliares frecuentes: depredadores y parasitoides de pulgón, Orius y escólidos.
Margaritas	*Chrysanthemum* spp., *Anthemis* spp.	Lindes, taludes, bandas florales.	Final primavera-verano	Auxiliares frecuentes: depredadores y parasitoides de pulgón.
Milenrama	*Achillea millefolium*	Cabezas de línea de cultivo, lindes, taludes, bandas permanentes.	Verano-otoño	Auxiliares frecuentes: sírfidos, coccinélidos, crisopas, avispillas parasitoides en general.
Cerrajas	*Sonchus* spp.	Lindes, taludes, bandas florales, cubierta.	Verano	Posee pulgón específico *Uroleucon sonchi*. Auxiliares frecuentes: sírfidos, crisopas, avispillas parasitoides de pulgón.
Familia de las Borragináceas				
Borraja	*Borago officinalis*	Lindes, taludes, bandas florales.	Final invierno-primavera	Auxiliares frecuentes: sírfidos, coccinélidos, crisopas.
Viborera	*Echium plantagineum*	Lindes, taludes, bandas florales, cubierta.	Primavera-principios de verano	Auxiliares frecuentes: sírfidos, Orius, crisopas.
Familia de las Crucíferas o Brasicáceas				
Aliso marítimo	*Lobularia maritima*	Cabezas de línea de cultivo, bandas florales.	Casi todo el año	Mejor con riego. Auxiliares frecuentes: sírfidos, Orius, chinches damisela, avispillas parasitoides.
Jaramago blanco	*Diplotaxis erucoides*	Cubierta, bandas florales.	Casi todo el año	Auxiliares frecuentes: sírfidos, coccinélidos, Orius, avispillas parasitoides, crisopas.
Jaramago amarillo	*Diplotaxis catholica*, *Sinapis alba* y otros.	Cubierta, bandas florales.	Casi todo el año	Auxiliares frecuentes: sírfidos, coccinélidos, Orius, avispillas parasitoides, crisopas.
Familia de las Amarantáceas				
Acelga bastarda o marítima	*Beta vulgaris* var. *maritima*	Cubierta, bandas herbáceas.	Primavera-principios de verano	Auxiliares frecuentes: coccinélidos, mosquito depredador, cantáridos, crisopas, avispillas parasitoides de pulgón.
Familia de las Escrofulariáceas				
Gordolobo	*Verbascum* spp.	Lindes, taludes, bandas florales.	Verano	Posee pulgón específico *Aphis verbasci*. Auxiliares frecuentes: crisopas, chinches depredadoras, parasitoides de pulgón.

Nombre común	Nombre científico	Ubicación idónea	Floración	Observaciones
Familia de las Euforbiáceas				
Euforbia	*Euphorbia* spp.	Lindes, bandas florales.	Primavera	Floración no llamativa pero atractiva para auxiliares. Auxiliares frecuentes: sírfidos, escarabajos soldado.
Gordolobo				
Familia de las Labiadas				
Mastranzo	*Mentha rotundifolia* var. *suaveolens*	Cabezas de línea de cultivo, lindes, taludes, bandas permanentes.	Casi todo el año	Cuidado si se pone en cultivos con acolchado, pues puede extenderse bajo este. Una opción en invernadero es poner en maceta o llevar ramas floridas al interior. Auxiliares frecuentes: Orius, sírfidos, chinches damisela, escólidos, avispas excavadoras, avispillas parasitoides de mosca blanca y orugas.
Hisopo	*Hyssopus officinalis*	Cabezas de línea de cultivo, bandas florales.	Verano-principios de otoño	Auxiliares frecuentes: sírfidos, Orius, crisopas.
Familia de las Leguminosas o Fabáceas				
Unciana	*Dorycnium rectum*	Cabezas de línea de cultivo, lindes, humedales.	Verano	Requiere humedad en el terreno. Planta muy activa en cuanto a atracción. Auxiliares frecuentes: cantáridos, coccinélidos, Orius, avispas alfareras, avispillas parasitoides varias.
Pegamoscas	*Ononis natrix*	Cabezas de línea de cultivo, lindes, taludes, bandas permanentes.	Primavera-verano	Resistente a la sequía. Auxiliares frecuentes: Orius, chinches cazadoras, avispillas parasitoides varias.
Carretones y melilotos	*Medicago truncatula, Medicago polymorpha, Melilotus officinalis* y otros	Lindes, taludes, bandas florales, cubierta en cultivos leñosos.	Primavera-principios de verano	Auxiliares frecuentes: coccinélidos, chinches damisela, avispillas parasitoides varias.
Familia de las Poligonáceas				
Lengua de vaca o acedera	*Rumex crispus*	Cubiertas, bandas mezclas herbáceas.	Final primavera-principios de verano	Auxiliares frecuentes: coccinélidos, mosquito depredador, cantáridos, crisopas, avispillas parasitoides de pulgón, Pulgón específico (*Aphis rumicis*).
Familia de las Umbelíferas o Apiáceas				
Hinojo	*Foeniculum vulgare*	Cabezas de línea de cultivo, lindes, taludes, bandas permanentes.	Verano	Resiste secano. Estructura vegetal permanente todo el año. Auxiliares frecuentes: depredadores y parasitoides de pulgón. Avispas excavadoras y alfareras.
Ridolfia o neldo	*Ridolfia segetum*	Lindes, taludes, bandas florales.	Verano	Resiste secano. Floración muy atractiva para insectos. Auxiliares frecuentes: escarabajos soldado, crisopas, sírfidos, taquínidos, avispas alfareras, avispas parasitoides.
Zanahoria silvestre	*Daucus* spp., *Ammi* spp., *Torilis* spp.	Lindes, taludes, bandas florales, cubierta en cultivos leñosos.	Final primavera-verano	Resiste secano. Auxiliares frecuentes: cantáridos, crisopas, sírfidos, taquínidos, avispillas parasitoides.
Cardo corredor	*Eryngium campestre*	Lindes, taludes, bandas florales	Verano	Resiste secano. Auxiliares frecuentes: avispas albañiles, alfareras, avispas parasitoides y escólidos.

Las crucíferas son atractivas por ofrecer rica floración y presas alternativas.

dependiendo de su tamaño. Solamente tenemos que fijarnos en su distribución en el medio natural. No veremos a los madroños creciendo a medio metro unos de otros.

Lo ideal es disponer de especies tanto caducas como perennes. De este modo diversificamos diferentes ambientes tanto en las copas como en la superficie del terreno. En cuanto al mantenimiento, cuando plantamos un seto o algunos ejemplares buscando que sean reservorio de fauna auxiliar, no les prestamos mucha atención más allá de su plantación y cuidados para su establecimiento. Pero para aquellas especies que soporten bien la poda, como por ejemplo el madroño o la adelfa, conviene realizar a algunos ejemplares podas cada dos o tres años. Esto estimulará crecimientos verdes con alto movimiento de savia a donde acudirán las presas alternativas que buscarán los auxiliares.

En el cuadro de la derecha mostramos algunos ejemplos de especies habituales, como punto de partida para la observación y para incluir otras que conozcamos y se den bien en nuestro entorno.

Hembra de *Scolia sexmaculata* alimentándose sobre una flor de cardo corredor.

Las leguminosas son reservorio de mariquitas y de otros depredadores de pulgón.

ESPECIES ARBÓREAS Y ARBUSTIVAS ACOGEDORAS PARA LOS AUXILIARES

Nombre	Porte máximo	Hoja	Observaciones
Madroño (*Arbutus unedo*)	8 m	Perenne	Requiere de cierta humedad y sombreo por árboles mayores en zonas muy al sur. Posee pulgones específicos *Aphis arbuti* y *Walhgreniella nervata*. Auxiliares frecuentes: coccinélidos, crisopas, sírfidos, mosquito depredador, mosquita plateada, parasitoides de cochinillas, orugas y de pulgón como *Aphidius ericaphidis*.
Adelfa (*Nerium oleander*)	3 m	Perenne	Soporta sequía y altas temperaturas. Posee pulgón específico *Aphis nerii*. Auxiliares frecuentes: coccinélidos como *Adonia variegata* y *Exochomus pubescens*. Crisopas, sírfidos. Parasitoides de pulgón y cochinillas.
Aladierno (*Rhamnus alaternus*)	5 m	Perenne	Soporta sequía y altas temperaturas. Auxiliares frecuentes: coccinélidos varios, crisopas, sírfidos. Parasitoides de pulgón, orugas y cochinillas.
Sauzgatillo (*Vitex agnus castus*)	5 m	Caduca	Requiere de cierta humedad. Floración con gran capacidad de atracción. Auxiliares frecuentes: Orius, crisopas, sírfidos. Parasitoides de pulgón y orugas. Escólidos.
Álamo blanco (*Populus alba*), chopo negro (*Populus nigra*).	25 m	Caduca	No poner cerca de cultivos leñosos en riego, pues pueden invadirlos. Auxiliares frecuentes: crisopas, coccinélidos, mosquito depredador, avispas parasitoides de la seda (*Hyposoter* sp).
Retama (*Retama* spp.)	3 m	Perenne	Soporta sequía y altas temperaturas. Auxiliares frecuentes: coccinélidos varios, crisopas, parasitoides de pulgón y orugas. Mantis.
Durillo (*Viburnum tinus*)	4 m	Perenne	Requiere de cierta humedad. Auxiliares frecuentes: Orius, sírfidos, crisopas, mosquita plateada. Parasitoides varios.
Taraje (*Tamarix* sp.)	2-10 m	Caduca	Requiere de cierta humedad y resiste altas temperaturas. Auxiliares frecuentes: sírfidos, crisopas, mantis.

▼
Plantas como la adelfa (*Nerium oleander*) tienen su pulgón específico (*Aphis nerii*) que son un hospedante alternativo para los parasitoides cuando no hay pulgón en el cultivo.

▼
En esta coscoja (*Quercus coccifera*) esta larva de mariquita de coloretes (*Exochomus nigromaculatus*) encuentra alimento en forma de cochinillas (*Kermes vermilio*).

▲
Los restos de poda en superficie generan unas condiciones sobre el terreno favorables para numerosos organismos benéficos.

3 La materia orgánica

¿POR QUÉ LA MATERIA ORGÁNICA FAVORECE A ALGUNOS AUXILIARES?

La materia orgánica, y su transformación en humus, supone el alimento y hábitat de innumerables formas de vida. Desde bacterias y hongos, hasta pequeños organismos como colémbolos, cochinillas de la humedad, larvas de moscas y mosquitos descomponedores, larvas de escarabajos descomponedores, pececillos de plata, ciempiés y milpiés, lombrices... Esto se traduce en mayor disponibilidad de alimento para los depredadores y hospedantes de parasitoides que se desarrollen durante todo o parte de su ciclo en la tierra. Además, suelen mantener una humedad mayor en la superficie del terreno, algo necesario para la reproducción de algunos de los organismos beneficiosos terrestres. No hay vida en el terreno si no hay materia orgánica. Por ello, a mayor riqueza de materia orgánica en nuestra tierra, mayor cantidad de vida albergará.

¿QUÉ AUXILIARES SE VEN MÁS FAVORECIDOS?

La materia orgánica se concentra en la parte superficial del terreno, en sus primeros centímetros. Por eso beneficia a los depredadores terrestres, como la mosca tigre (*Coenosia* sp.), que cría en tierras húmedas y ricas en materia orgánica, donde se desarrolla su larva, que se alimenta de los diversos organismos que encuentra en este ambiente. La comunidad de arañas también encuentra un hábitat idóneo en tierras con acumulación de materia orgánica en superficie, especialmente cuando se trata de materia bruta como picado de poda u acumulación de hojarasca. Las arañas lobo o licósidos son un ejemplo de ello. Pero son los escarabajos depredadores terrestres quienes se ven especialmente favorecidos como son los cantáridos o escarabajos soldado, cicindélidos o escarabajos tigre, los carábidos y los escarabajos errantes o estafilinos. Especialmente estos últimos se encuentran tanto en el terreno rico en material orgánico como en la acumulación de este, ya sean montones de compost o de restos de cosecha frescos. Para estos auxiliares es importante una de las propiedades que proporcionan dichas materias en el terreno como es la humedad, tanto o más que la disponibilidad de alimento, al influir positivamente en la reproducción y el desarrollo de numerosas especies.

Por último, también se ven favorecidos parasitoides como los escólidos, quienes buscan a las larvas de los escarabajos conocidos como gallinitas ciegas (Scarabaeidae), que se alimentan del material orgánico acumulado en el terreno, de raíces y de madera en descomposición.

▲
Los acolchados con restos de paja y hierbas procedentes del deshierbe crean una capa superficial rica en vida.

▼
Una tierra rica en materia orgánica favorece a insectos auxiliares, como a esta mosca tigre que sale de la tierra tras desarrollarse en ella como larva depredadora.

HAZ LA PRUEBA

Para comprobar el efecto que tiene la materia orgánica en la comunidad de organismos vivos terrestres puedes realizar la siguiente observación. Con ayuda de una lupa compara la vida que puedes observar en la superficie con la que aparece al escarbar en los primeros 5 cm de varios lugares con diferente acumulación de material orgánico. Busca tierra en:

1. En el centro de un camino de tierra.
2. En un montón de compost.
3. Bajo un árbol donde haya acumulación de hojas.
4. Bajo un árbol donde no haya acumulación de hojas.
5. En una calle de cultivo donde se han repartido restos de poda triturados.
6. En una huerta sin aplicación de materia orgánica sólida.
7. En una huerta con aporte de estiércol o compost.
8. En una huerta con acolchado orgánico.

¿Cuántos tipos diferentes de organismos has visto?, ¿has reconocido alguno que sea depredador?, ¿dónde has visto más? Puedes hacer esto mismo en los lugares donde se te ocurra y sacar tus propias conclusiones.

ACCIONES A LLEVAR A CABO

Todo aporte de materia orgánica sólida en el terreno tendrá un impacto positivo en su actividad biológica y, por consiguiente, en la comunidad de auxiliares terrestres. Por ello conviene aclarar que, si bien el uso de abonos foliares a base de materia orgánica ha proliferado en los últimos años, su uso influye en la alimentación de las plantas, pero no en un aumento del contenido en materia orgánica de la tierra. De modo que su influencia será muy baja o nula. Algo parecido ocurre con los fertilizantes líquidos orgánicos, que, aunque tienen una mayor influencia en la actividad biológica del terreno, el impacto sigue siendo escaso en los auxiliares terrestres. De modo que queda claro que la materia orgánica ha de ser sólida y aplicarse directamente sobre el terreno, donde una parte se transformará en humus. Esto tendrá también un impacto positivo en las propiedades de la tierra, mejorando el hábitat de estos organismos benéficos.

Los restos de poda triturados, restos de cosecha, restos de desherbado, paja y mantillo vegetal son algunos de los materiales de origen vegetal que podemos usar entre multitud de opciones procedentes de la industria procesadora. De origen animal tenemos el estiércol –mejor maduro y mejor aún compostado–, que mezclado o no con restos vegetales es la opción más empleada, aunque también el humus de lombriz es una excelente opción.

◂ Las cubiertas vegetales ofrecen tras su siega un acolchado orgánico excelente.

4 Charcas y otros puntos de agua

¿POR QUÉ FAVORECE EL AGUA A ALGUNOS AUXILIARES?

El agua es el medio necesario donde se desarrollan las larvas de algunos auxiliares porque sin agua no pueden completar su ciclo. También facilita la alimentación de algunos depredadores, pues siempre en el entorno del agua hay una mayor presencia de insectos como moscas y mosquitos. Por último, el agua es necesaria para la construcción de nidos en algunos casos.

¿QUÉ AUXILIARES SE VEN MÁS FAVORECIDOS?

Las libélulas y los caballitos del diablo ponen sus huevos en el agua y sus larvas se desarrollan en ella, donde se alimentan de organismos acuáticos como larvas de mosquitos, renacuajos y pulgas de agua, entre otros. También los adultos sobrevuelan el entorno de las zonas húmedas en busca de moscas, mosquitos, efímeras y otros insectos voladores de pequeño tamaño. Los escarabajos tigre o cicindélidos hacen lo mismo pero cazando en los bordes de las zonas húmedas y en las zonas cercanas a los goteros de riego, en la tierra mojada o en los charcos someros que se forman. Por último, las avispas alfareras y albañiles acuden a las zonas húmedas donde recogen barro con el cual hacen sus nidos.

ACCIONES A LLEVAR A CABO

Crear una charca o estanque es la primera opción que se nos viene a la cabeza y hoy día hay mucha información disponible sobre cómo hacerlo. No obstante, hay que reflexionar sobre su creación en la huerta en caso de que no tengamos ninguna charca de forma natural. En primer lugar requiere de un espacio del que quizás no dispongamos. Por otro lado, requiere de un mantenimiento periódico para que no se eche a perder y se convierta en un foco de mosquitos y agua en mal estado. En este mantenimiento debe tenerse en cuenta lo principal, que es la fuente de agua. Si vivimos en una zona donde apenas llueve, o no lo suficiente, tendremos que proveerla nosotros, pues el agua se evapora, por lo que tal vez no tenga mucho sentido destinar parte del agua de riego del cultivo a la charca. Si nos lo podemos permitir y la alimentamos con las gomas de riego, debemos tener la precaución de no conectarlas al sistema de riego general en caso de que tengamos fertirrigación, pues produciría un efecto perjudicial en la calidad del agua y, por lo tanto, de los habitantes de la charca.

▲
Los recipientes de agua entre la huerta son un recurso empleado no sólo por algunos insectos sino también por aves.

Normalmente, se opta por el empleo de láminas de material plástico para impermeabilizar la zona que se acondicione. Por mi experiencia, no soy partidario de esto, ya que las charcas necesitan un mantenimiento y revisión a lo largo de los años y no son pocas las que quedan abandonadas, en mal estado, generando al final un residuo plástico que incluso, en muchos casos, queda enterrado. Otro caso diferente son las charcas creadas en jardines como recreaciones de hábitats, o las creadas en programas de recuperación de humedales o especies de anfibios y aves acuáticas. Estas suelen estar sometidas a un mayor seguimiento y atención.

En cualquier caso, si no tenemos una charca o humedal en nuestra huerta, no tenemos por qué crear uno. Especialmente si vivimos en una zona con escasez de agua. Debemos aceptar las características de nuestro entorno y salvo las libélulas, que requieren de mayor tiempo en el agua, el resto de insectos auxiliares que gustan frecuentar las zonas húmedas están adaptados a su estacionalidad.

Si se da el caso, cabe la opción de emplear espacios encharcables. Si tenemos una zona donde se formen lagunas o charcas temporales durante la época de lluvias, puede señalizarse y evitar en la medida de lo posible pasar por ella con el tractor u otros vehículos. De esta forma aprovecharemos las charcas temporales que se forman y la fauna local estará adaptada a la estacionalidad del agua de estas zonas. Hay que evitar que lleguen a esa zona vertidos de ningún tipo, pulverizaciones de

Las charcas temporales son un lugar lleno de vida y es importante que en la medida que podamos protejamos esas zonas sin pensar siempre en una charca como en un estanque.

tratamientos cercanos o lixiviados de zonas de acopio de estiércol o de compost.

He trabajado en fincas en las que había veneros temporales de agua en medio de las plantaciones. Lo que hicieron fue precintar la calle del cultivo a la altura del venero y así se creaba un espacio de reserva a su alrededor. Esto daba lugar a una zona rica en vida funcional en donde habría sido inútil plantar árboles y especies cultivadas porque el exceso de agua los habría hecho improductivos.

Para las huertas pequeñas una opción interesante es colocar recipientes llenos de agua, como una vasija grande de barro y otros contenedores que podamos reciclar. Pueden enterrarse a ras de tierra para integrarlos mejor, siempre con alguna rama o tabla en un lateral para que cualquier pequeño animal que caiga, como por ejemplo una lagartija, pueda salir sin problemas. Normalmente, este tipo de recipientes son más frecuentados por las aves para darse un baño o beber.

Por último, en caso de realizar una plantación de especies vegetales palustres, hay que emplear siempre especies autóctonas y adaptadas a la zona, y evitar emplear especies invasoras exóticas como el jacinto de agua (*Eichhornia crassipes*) o la colocasia (*Colocasia esculenta*).

ALGUNAS ESPECIES AUTÓCTONAS PARA USO EN ZONAS HÚMEDAS O CHARCAS

Nombre común	**Nombre científico**	**Tamaño máximo (cm)**
Caléndula acuática	*Caltha palustris*	50
Unciana	*Dorycnium rectum*	150
Lirio amarillo	*Iris pseudacorus*	180
Junco negro	*Juncus acutus*	150
Junco fino	*Juncus effusus*	80
Salicaria	*Lythrum salicaria*	100
Mastranzo	*Mentha rotundifolia* var. *suaveolens*	100
Junco churrero	*Scirpus holoschoenus*	150
Espadaña	*Typha domingensis*	300

▲
En el hueco bajo esta piedra, este escarabajo errante encuentra las condiciones idóneas de temperatura y humedad para refugiarse y reproducirse.

5 Piedras, troncos y otros elementos

¿POR QUÉ FAVORECEN A ALGUNOS AUXILIARES?

Las piedras y troncos colocados sobre el terreno tienen un efecto en las condiciones ambientales, pero no en la parte que vemos, sino en la que no vemos. Bajo ellos, en la superficie de contacto con la tierra, se crea un microclima idóneo y necesario para la vida de multitud de organismos. Esto es algo que puede comprobarse fácilmente cuando los levantamos. Esa zona está más fresca, con una temperatura menor que en el exterior y más constante. También presenta mayor humedad y oscuridad durante el día. Todo ello favorece a numerosos insectos auxiliares cuya actividad se concentra desde el ocaso al alba, huyendo de la luz solar encuentran un refugio idóneo. Además, muchas larvas y algunos insectos adultos requieren también un ambiente húmedo y fresco durante el día, pues de lo contrario morirían por deshidratación. Para ellos también es un lugar idóneo donde colocar los huevos y donde no falta el alimento, ya que bajo las piedras y troncos se concentra una gran cantidad de vida en busca de estas condiciones que se dan bajo ellas: lombrices, pequeños caracoles y babosas,

▲
Los cúmulos de piedras en las zonas adecuadas son un reservorio para los insectos auxiliares terrestres y arácnidos.

cochinillas, pececillos de plata, colémbolos y otras muchas criaturas que suponen una despensa siempre disponible para los depredadores. Otro ejemplo, si hablamos de troncos o de balas de paja, la vida bajo ellos se multiplica. Al ser materiales vegetales, su descomposición y colonización por organismos descomponedores hace que aumenten los seres que allí habitan.

¿QUÉ AUXILIARES SE VEN MÁS FAVORECIDOS?

Los escarabajos depredadores como los carábidos, los errantes o estafilínidos y las luciérnagas tienen una actividad principalmente nocturna, por lo que durante el día suelen descansar bajo piedras, troncos y demás elementos. En especial las larvas y huevos requieren de alta humedad ambiental durante todo el tiempo o mientras el sol esté en lo alto, por lo cual todos encuentran alimento seguro en estos lugares antes o después de recorrer el entorno.

Por último, hay algunos auxiliares que requieren de estructuras donde realizar sus nidos o puestas. Pueden hacerlo sobre la vegetación existente, pero en el caso de las mantis y las avispas alfareras tienen también una especial predilección por piedras, troncos y otros elementos que se encuentren en los alrededores. En este caso los colocan en la parte superior, en laterales y en huecos bajos.

ACCIONES A LLEVAR A CABO

Las piedras y troncos han de ser colocadas donde cumplan su funcionalidad lo mejor posible. Mejor si es sobre la tierra directamente, en un lugar donde no molesten al paso, ya que pueden ser un estorbo en el futuro y costosas de mover. Si son piedras grandes pueden ponerse solas o igualmente formando grupo.

Las secciones de troncos son un asiento adecuado para la huerta, además de albergar mucha vida bajo ellos.

En cuanto al tamaño, no hay una regla para decir a partir de cuándo es grande. Lo importante es la forma y el grosor. Una piedra muy plana y fina como una piedra pizarra o una losa, puede no ser un buen aislante de temperatura, sobre todo si el sol incide directamente sobre ella. Al ser delgada puede que transmita demasiado el calor y no aísle bien la zona inferior, lo cual limitará la vida bajo ella. Aunque todo dependerá de dónde nos encontremos, pues no es lo mismo hablar del norte que del sur o estar situada a pleno sol durante todo el día o bien a la sombra. Mejor si son anchas e irregulares, lo que facilitará una mayor superficie de contacto con la tierra y diferentes espacios en esa zona.

El tamaño idóneo es aquel que podamos manejar con las manos, es decir, que midan entre 20 y 40 cm aproximadamente. A mayor número de ellas juntas, más microhábitats ofrecen, pero no excesivamente superpuestas. No es necesario si no contamos con suficientes. Podemos poner un rodal de piedras juntas o una fila bajo las ramas de un seto lineal o en la división entre parcelas. Es suficiente para los insectos y arácnidos, que ocuparán la zona de contacto de la piedra y la tierra. Si ponemos más piedras encima, será un espacio que colonizarán otros animales como reptiles y pequeños mamíferos.

Con los troncos y maderas es algo diferente, pues la madera –en caso de que tenga huecos y humedad– también la colonizarán insectos y arácnidos, no sólo la zona de contacto inferior. Las secciones de troncos pueden ofrecer además un asiento en un momento dado para tomar un descanso tras las tareas hortelanas. Con las pacas de paja es más fácil y generan mucha vida bajo ellas. El material vegetal se terminará por descomponer en pocos o muchos años dependiendo de sus características y de la climatología del lugar. Si el estado de descomposición es avanzado, es mejor colocar junto a ellos material nuevo. Las pacas de paja pueden ser colonizadas también por la hierba y por la germinación del grano que contenga. Si colocamos este tipo de elementos, especialmente piedras sueltas o agrupadas donde la hierba suela cubrirlas, es conveniente colocar balizas altas para señalizar las zonas y evitar tener una sorpresa desagradable cuando estemos desbrozando.

Algo totalmente recomendable es levantar y mirar de vez en cuando bajo estos elementos, pues se aprende mucho y podemos valorar su papel en nuestra huerta. Hay que hacerlo con mucho cuidado, sin abusar y volviendo a dejarlos como estaban para evitar alterar el micromundo que se crea bajo ellos.

En esta piedra, colocada en una linde de olivos y almendros, pueden observarse varias puestas de mantis.

▲
Hotel o nido de gran tamaño para insectos y abejas solitarias montado en una finca de frutales.

6 Nidos artificiales

Es conocido el éxito de los muchos modelos de cajas nido que hay diseñadas para aves como los páridos o pequeñas y medianas rapaces. Sin embargo, hay que tener en cuenta que los nidos artificiales son precisamente eso, artificios que sustituyen a los naturales. Las arañas ocupan cualquier estructura que se monte. Siempre encontraremos alguna. Pero, en el caso de los insectos auxiliares, muchos de esos nidos son más un ejercicio de didáctica y estética que de funcionalidad, como por ejemplo los nidos para crisopas o mariquitas o de polinizadores como las mariposas. Nunca estarán a la altura de la vegetación herbácea, arbustiva y arbórea, de los árboles secos y de su madera, ni de las piedras naturales y sus grietas, etc., lugares cuyas condiciones, características y en definitiva el hábitat natural que ofrecen tienen una mayor efectividad que los nidos artificiales.

Los nidos artificiales suelen tener éxito de forma puntual. Sin embargo, es diferente en el caso de las avispas albañiles y abejas solitarias; los nidos artificiales diseñados para ellas tendrán

CÓMO HACER UN HUECO COLGANTE

Materiales

- Maceta pequeña de 10 a 12 cm de diámetro en la boca.
- Cuerda.
- Palo o rama de 15 cm de longitud.
- Paja o pasto seco.

Proceso

Paso 1. Meter la cuerda por el agujero de drenaje de la maceta.
Paso 2. Hacer un nudo a la rama.
Paso 3. Meter paja o pasto seco en el interior.
Paso 4. El resultado colgadlo con la cuerda de alguna rama en semisombra.

como objetivo fundamental ofrecer un lugar de nidificación. Las avispas albañiles proporcionarán control biológico al cebar sus nidos con orugas; y las abejas solitarias proporcionarán polinización a la vegetación del entorno. Con lo cual, las estructuras diseñadas a tal efecto suelen ocuparse relativamente rápido y son muy útiles e interesantes no sólo para la huerta, también para el jardín e incluso para espacios verdes urbanos. Además de construirlos y colocarlos, es importante acompañarlos de explicaciones didácticas, especialmente en este último caso. La información de qué son y sobre todo para qué sirven debe ir acompañada de la explicación de que es un sustitutivo del refugio natural, para poner en valor la conservación del entorno.

Veamos algunos ejemplos de nidos refugio que podemos encontrar.

HUECOS COLGANTES

El objetivo es que se refugien dentro de ellos mariquitas, alguna crisopa y otros insectos como tijeretas, que pueden comer algún pulgón que otro. Su éxito es medio-alto para las tijeretas, pero bajo para el resto de insectos. En el comercio podemos encontrar bloques elaborados con una especie de hormigón a modo de cilindros con un extremo abierto. Estos bloques se colocan con la boca para abajo, colgados de la vegetación herbácea seca o de las ramas de los arbustos. Hay que evitar colocarlos en un lugar donde le dé el sol durante todo el día, para que no se recaliente en exceso. Lo mejor es una zona con sol de mañana. Pero podemos hacerlo nosotros de muchas maneras. Una de las más extendidas es colgar una pequeña maceta de barro boca abajo. Para ello se le introduce por el agujero de drenaje la cuerda con la que se va a colgar y se le hace un nudo para que la maceta quede sujeta. Una variante es hacer el nudo agarrando un palo más ancho que la boca de la maceta, de modo que también puede meterse algo de paja en el interior y así quedará sujeta por el palo travesero.

CÓMO HACER UNA CAJA NIDO PARA CRISOPAS Y/O MARIQUITAS

Materiales procedentes de un tablero reciclado de una mesa y lamas de palet. Se indican las medidas ya cortadas:

- 3 tableros laterales y suelo de 30x25 cm y un espesor de 2 cm.
- 1 tablero para el fondo de 30x27 cm y un espesor de 2 cm
- 1 tablero de 36x30 cm y un espesor de 2 cm.
- 7 tablillas de palet.
- Paja.

Proceso:

Paso 1. Cortar la zona superior de 2 tableros laterales con 3 cm de diferencia de un lado a otro, para crear la pendiente, de manera que quedan el lado trasero del lateral de 30 cm y el delantero de 27 cm.
Paso 2. Cortar 2 tablillas de 24 cm de largo.
Paso 3. Cortar 5 tablillas de 27 cm de largo.
Paso 4. Marcar en las tablillas cortas 5 puntos equidistantes donde se clavarán las 5 tablillas de 27 cm, procurando que queden con un ángulo ascendente de fuera a dentro.
Paso 5. Meter paja en el cajón y colocar el frontal de las tablillas para cerrar.

Las medidas son orientativas, por lo que pueden hacerse con otras según el material disponible.
Puede ponerse un sencillo cierre con dos alcayatas en la parte frontal para que la parrilla de tablillas frontal no caiga hacia adelante. Puede pintarse con pintura roja inocua pues se dice que atrae a las crisopas, aunque personalmente no he visto tal efecto cuando lo he probado. O bien con algún barniz inocuo para proteger la madera de la humedad.

CAJONES CON REJILLA

Se trata de cajones cerrados que tienen un frontal con ranuras por donde acceden los insectos objetivo, que son crisopas, mariposas y mariquitas, según los diseños que se han creado para ello. Pueden estar huecos para las mariposas, rellenos de paja para las crisopas y mariquitas o bien de cartón corrugado enrollado.

Tras experimentar años con modelos comerciales, al menos en el sur peninsular, he observado cómo es más atractivo para lirones, ratones de campo y salamanquesas que para insectos auxiliares. Tal vez, en condiciones de mayor frío y según el entorno, pueden tener éxito como refugio invernal pero no en el día a día.

En cualquier caso, estos cajones no dejan de ser una opción a probar y una herramienta didáctica para poner en valor el entorno natural y el papel de elementos clave del paisaje que tienen los árboles añosos y llenos de huecos como lugar de nidificación y refugio de numerosos animales. Porque un refugio puedes hacerlo en una hora y suele durar unos años, mientras que un árbol vetusto y lleno de refugios puede tardar cientos de años para llegar a ello, pero cuantos más años, más funcionalidad y valor ecológico.

ALGUNOS HUÉSPEDES FRECUENTES DEL HOTEL DE INSECTOS

Abejas silvestres			
Familia	**Especies**	**Diámetro hueco (en mm)**	**Material de nidificación**
Apidae	*Ceratina* sp.	3-5	Cañas secas de cardos, hinojo y otras plantas similares. No hace falta hacer el hueco pues lo realiza esta abeja en la médula corchosa.
	Xilocopa spp.	15	Madera muerta, mejor si está blanda o en descomposición. Secciones del tronco de la inflorescencia de la pita (*Agave americana*). No hace falta hacer el hueco pues lo realiza esta abeja en el material.
Colletidae	*Hylaeus* spp.	4	Caña hueca o agujero alargado. Provisión de mezcla de polen y néctar, cerrando la entrada con una seda que adquiere aspecto de celofán.
Megachilidae	*Anthidium* spp.	8-10	Caña hueca o agujero alargado. Forra el nido de pilosidad que recolecta de los tallos y hojas de ciertas plantas. Provisión de néctar espeso. Cierra la entrada del nido con pilosidad.
	Heriades sp.	4	Agujero alargado. Provisión de polen. Cierra la entrada del nido con mezcla de resina y piedrecitas o trocitos de serrín.
	Megachile sp.	5-10	Caña hueca o agujero alargado. Forra el nido de recortes de hojas. Provisión de polen. Cierra la entrada del nido con hojas. Alguna especie con barro.
	Osmia spp.	8-10	Caña hueca o agujero alargado. Provisión de polen. Cierra la entrada del nido con barro.
Avispas albañiles/alfareras			
Eumeninae (subfamilia)	*Delta unguiculatum*	8-10	Pueden ocupar las cañas huecas o agujero alargado, pero también hacer nidos de barro en forma de ánforas de unos 3 o 4 cm con una boca de entrada. Cierra la entrada del nido con barro.
	Ancistrocerus nigricornis, y otros.	4-5	Pueden ocupar las cañas huecas o agujero alargado. Cierra la entrada del nido con barro.

HOTELES DE INSECTOS

En los últimos años se han popularizado mucho estas estructuras, comúnmente denominadas hoteles de insectos, que cumplen un papel similar al de las cajas nidos para aves, es decir, un lugar de cría principalmente. Pueden ser realmente útiles para atraer insectos y una herramienta didáctica de gran interés. Hay mil y una maneras de hacerlos, pero lo importante son los materiales para la nidificación que empleamos. En función de estos materiales tendremos en nuestro hotel mayor o menor afluencia de hospedantes. Hay materiales comúnmente empleados como las piñas secas, piedras sueltas, astillas o palitos de madera o pequeños habitáculos huecos que tienen una funcionalidad muy baja. Apenas sirven de refugio para algunos animales como arañas y salamanquesas. Estas estructuras pueden ser realmente atractivas principalmente para abejas silvestres y avispas albañiles y alfareras, que son los hospedantes más asiduos y por ello destinatarios de estas estructuras. Pero para ello debemos conocer sus necesidades en cuanto a la nidificación se refiere.

Todo se basa en los huecos cilíndricos. En los espacios alargados lo ofrecen, por ejemplo, en cañas huecas, troncos o tacos de madera taladrados, cerámica taladrada, bloques de arcilla agujereados y multitud de materiales que ofrezcan huecos similares. Huecos de entre 2 y 10 mm de diámetro con una profundidad de entre 5 a 20 cm. Si nos centramos en ello, el éxito estará garantizado. Las abejas silvestres son polinizadoras. Y pueden serlo tanto del cultivo como de la vegetación del entorno, favoreciendo su fructificación, semillado y permanencia. Las avispas albañiles y alfareras nos proporcionan control biológico pues llenan sus nidos principalmente de orugas, aunque según la especie pueden hacerlo también de cigarritas o pulgones.

Lo bueno es que tanto estas abejas silvestres como las avispas albañiles y alfareras (Subfamilia Eumeninae) no son agresivas, no nos picarán ante nuestra presencia. Son solitarias, no forman enjambres organizados, por lo que no tienen el instinto de proteger al grupo. Por ello son una herramienta didáctica muy visual, práctica y segura tanto para pequeños como para mayores.

Nido comercial del tipo cajón hueco con rejilla a rellenar con paja destinado a insectos como las crisopas y mariquitas.

CONSEJOS PARA SU CONSTRUCCIÓN

En caso de preparar materiales a base de madera, hay que tener en cuenta algunos puntos clave:

1. Los agujeros es mejor hacerlos perpendiculares a la fibra de madera, especialmente cuando hablamos de maderas blandas como pino o fresno. Esto evitará que salgan astillas en el interior perjudicando su ocupación.
2. La madera ha de estar seca y curada, evitando la madera recién cortada.
3. Teniendo en cuenta el punto anterior, ante un taco o bloque de madera debemos ver la dirección de la fibra para realizar los taladros en la cara donde sean perpendiculares.
4. Teniendo en cuenta el primer punto, ante una sección de una rama o tronco, lo más idóneo es realizar los taladros por la corteza, perpendiculares a las fibras o dirección de savia. Aunque no importa tanto cuando tratamos con maderas duras como el olivo.
5. Para realizar los agujeros en la madera se han de emplear brocas de taladro para madera bien afiladas para que el agujero sea lo más limpio posible.
6. No es necesario que los agujeros sean muy profundos, pues es funcional desde los 5 cm a los 20 o 25 cm. No por hacerlos más profundos van a llenarse más.

CÓMO HACER UN SENCILLO HOTEL DE INSECTOS CON CAÑAS

Materiales

- Cañas huecas de carrizo (*Phragmites australis*).
- Alambre o cuerda.
- Tabla reciclada de unos 50 cm de longitud o dos tablillas de 25 cm.

Proceso

Paso 1. Cortar la tabla de modo que queden dos trozos de madera iguales que harán de techo. A uno de ellos le cortaremos lo que mida el grosor de la madera, de modo que cuando lo unamos queden de igual longitud.
Paso 2. Unirlas en ángulo de 90 grados teniendo la precaución de colocar la tabla de mayor anchura en la zona superior de la unión para que queden los dos lados del tejado iguales.
Paso 3. Cortar las cañas a 20 cm de longitud con una tijera de poda afilada.
Paso 4. Atarlas por ambos extremos a modo de haz bien apretado, con una cuerda o alambre.
Paso 5. Colocar cuatro hembrillas o cáncamos cerrados en la parte inferior del tejado de madera y pasar un par de alambres por cada pareja de hembrillas o cáncamos.
Paso 6. Agarrar firmemente el haz de cañas al tejado de madera con el alambre.

Las cañas pueden hacerse de otras especies, como caña (*Arundo donax*) o incluso de cardos o hinojos secos, aunque tengan la médula corchosa. Es importante que el diámetro de la caña no supere el centímetro de diámetro para mayor ocupación. Como tejado o cubierta protectora pueden emplearse numerosos materiales reciclados, como palets, latas, tejas viejas u otros. Incluso puede colocarse el haz de cañas solamente o incorporarlo a una estructura mayor.

CÓMO HACER UN SENCILLO HOTEL DE INSECTOS CON MADERA RECICLADA

Materiales

- Bloque de madera de 6x6x23 cm.
- Tablilla de madera de 8x13 cm.
- Taladro y brocas de 4 y 8 mm de diámetro.

Proceso

Paso 1. Cortar uno de los extremos del bloque de madera en bisel (30 a 40 grados) para dar pendiente al techo.
Paso 2. Taladrar la zona frontal (hacia donde cae la pendiente del corte en bisel anterior) con las brocas que tenemos. Los agujeros pueden estar ordenados o ser aleatorios.
Paso 3. Clavar en la parte superior la tablilla de modo que quede vuelo en la parte delantera a modo de techo protector de la humedad y lluvia.
Paso 4. Colocar una hembrilla (o cáncamo cerrado) en la zona superior trasera o techo para colgarlo.

Las medidas son orientativas, y se puede emplear cualquier material del que dispongamos.
Puede colgarse en cualquier lugar, tanto en un árbol o arbusto, como de un poste o de la pared.

Índices

Esta mariquita rosada (*Oenopia congloba-ta*) agita las patas y antenas en celebración por esta segunda edición del libro.

Índice de nombres comunes

Índice de nombres científicos

Índice de nombres científicos

Índice de tablas

"En general, al hacer la pregunta '¿para qué sirve?', le estás pidiendo al animal que justifique su existencia sin haber justificado la tuya".

Gerald Durrell (1925-1995)